KB055433

이스라엘 성지 가이드북

도서출판 하늘향

이스라엘 성지 가이드북

초판 1쇄 발행 | 2014년 10월 1일
초판 3쇄 발행 | 2023년 8월 30일

지은이 장홍길 유지미
펴낸이 김운용
펴낸곳 하늘향

신고번호 제2014-31호
주소 (우)04965 서울시 광진구 광장로5길 25-1(광장동)
전화 02-450-0795
팩스 02-450-0797

값 22,000원
ISBN 979-11-952833-2-3 03980

A Guidebook to the Holy Land ISRAEL

by Hungkil Chang & Ji Mi Yu
Published by Unyong Kim
Presbyterian University and Theological Seminary Press
25-1, Gwangjang-Ro(ST) 5-Gil(RD), Gwangjin-Gu, Seoul, 04965,
The Republic of Korea
Tel. 82-2-450-0795 Fax. 82-2-450-0797 e-mail: ptpress@puts.ac.kr
http://www.puts.ac.kr

이스라엘
성지
가이드북

장홍길 유지미 지음

하늘향

머리말

필자가 『이스라엘 성지 가이드북』을 출판을 계획하게 된 주된 이유는 무엇보다도 그동안 30여 차례의 성지답사를 경험한 성지답사여행 인솔자로서는 성지를 돌아보는 이들에게 현장에서 성지를 소개하는데 한계가 있다는 것과, 또 성지를 방문하여 순례하고 답사하는 이들에게 실질적으로 도움을 줄 수 있는 성지 가이드북이 필요하다는 것을 절실하게 느꼈기 때문이다. 그러던 차에 2013년 초 저자는 당시 학술연구교수로 섬기던 유지미 교수와 함께 몸담고 있는 장로회신학대학교의 교내 공동연구과제를 신청하여 이 과제가 채택된 후, 유 교수와 함께 일 년 동안 그동안 연구한 성지에 관한 글들을 정리하고 보완한 다음, 부족한 사진 촬영을 위한 현장답사로 이스라엘을 다녀왔다. 사실 유 교수는 장로회신학대학교 학생 및 일반 성지답사단을 인솔한 필자와 함께 세 번이나 부 인솔자로 성지를 답사한 적이 있었다. 지난 일 년 동안 성지를 답사한 경험과 필자가 그동안 준비한 자료들을 유 교수와 함께 공유하면서 연구한 과제의 결과물을 이제 『이스라엘 성지 가이드북』이란 이름으로 세상에 내놓게 되었다.

우선, 『이스라엘 성지 가이드북』은 다음과 같은 구조로 구성되어 있다. 제1부는 유적지를 다루며, 제2부는 지역을 소개한다. 이를 세분하면, 다음과 같다. 먼저, 유적지의 경우 이스라엘을 지리적 특성에 따라 11개 지역으로 나누어 소개하였다. 곧, 북부 이스라엘, 갈릴리 호수 주변, 갈릴리, 갈멜 산 주변, 해안 평야, 에브라임 산지, 예루살렘과 주변, 유대 산지, 유대 쉐펠라, 유대 광야와 사해 주변, 네게브와 주변이 그것이다. 그리고 지역의 경우 지리적 특성에 대한 세부 설명이 필요한 11개 지역을 선정하여 소개하였다. 이는 성지를 답사할 때 도움이 되는 지역 설명으로, 요단 강, 헬몬 산, 골란 고원, 갈릴리 바다, 이스르엘 골짜기, 갈멜 산, 해안 평야, 유대 쉐펠라, 유대 광야, 사해, 네게브로 구분하여 다루었다. 좀 더 자세하게 살펴보면, 성지답사 유적지로는 총 46개 도시가 수록되어 있는데, 각 유적지는 ① 위치, ② 지명, ③ 역사, ④ 성경, ⑤ 유적으로 나누어 소개되었으며, 두 장의 컬러 사진이 함께 수록되어 있다. 더 많은 사진은 본서에 삽입된 QR코드를 통해 제공된다. 또 지역의 경우 ① 규모, ② 명칭, ③ 지리, ④ 성경, ⑤ 특기 사항으로 나누어 소개되어 있다. 여기에도 두 장의 컬러 사진이 첨부되어 있다. 또 본서의 끝 부분에는 서술에 참고했던 주요 참고 서적들을 소개하여, 독자가 그 출처나 심화 학습을 위한 정보를 얻을 수 있다.

본서는 두 저자가 함께 저술한 공동저술이기에 본서를 집필할 당시 저술 기본 방침이 필요하였다. 이를 소개하면, 다음의 다섯 가지이다. 우선, 실용성이다. 본서가 성지답사 자료로서 휴대에 편리하도록 그 분량과 크기를 고려하였다. 둘째는 가독성(可讀性)이다. 여행 중 가이드북이 쉽게 읽히도록 각 유적지 서술은 동일한 틀거리(format)로 기술하려 하였다. 셋째는 간결성이다. 본서가 여행용임을 고려하여 문장은 할 수 있으면 간결하게 요약체로 서술되었다. 넷째는 현장성이다. 이를 위해 본서에 수록된 사진 외에 더 많은 사진을 담은 QR코드가 삽입되어 있다. 마지막으로, 역동성이다. 유적과 관련된 재미있는 이야기나 필요한 정보(tip)를 각 장의 별도 여백에 서술하여 동적(動的)인 여행 분위기에 부합되게 하였다.

이어서, 본『이스라엘 성지 가이드북』의 특성을 요약적으로 소개하면, 다음과 같다.

첫째, 본서는 성서학을 전공한 성서학자가 저술한 안내서이다.

둘째, 본서는 성지답사를 30여 차례 답사한 현장답사 인솔자의 풍부한 여행 경험이 반영된 가이드북이다.

셋째, 본서는 생생한 컬러 사진을 담고 있으며, QR코드가 삽입된 안내서이다.

넷째, 본서는 여행용에 부합되게 휴대성, 가독성, 간결성, 현장성, 역동성을 고려한 가이드북이다.

마지막으로, 공동저자인 유지미 교수께 감사드린다. 건강이 썩 좋지 않는 가운데서도 필자가 제공한 자료들을 꼼꼼하게 살펴보고 틀에 맞게 정리하였을 뿐 아니라, 교정까지도 세심하게 봐주셨다. 또 이 책이 출판되도록 실무를 담당하여 수고해주신 장로회신학대학교 출판부 직원 여러분께, 특히 김영미 실장님과 김종호 선생님께 심심한 감사를 드린다. 아무쪼록 본서가 성지 여행을 준비하고 있는 분, 성지를 여행하는 분, 그리고 성지를 다녀오신 분에게 조그만 도움과 보탬이 되길 바란다.

2014년 여름 광나루 선지동산에서

책임 저자 장 흥 길

CONTENTS

유적지

지역

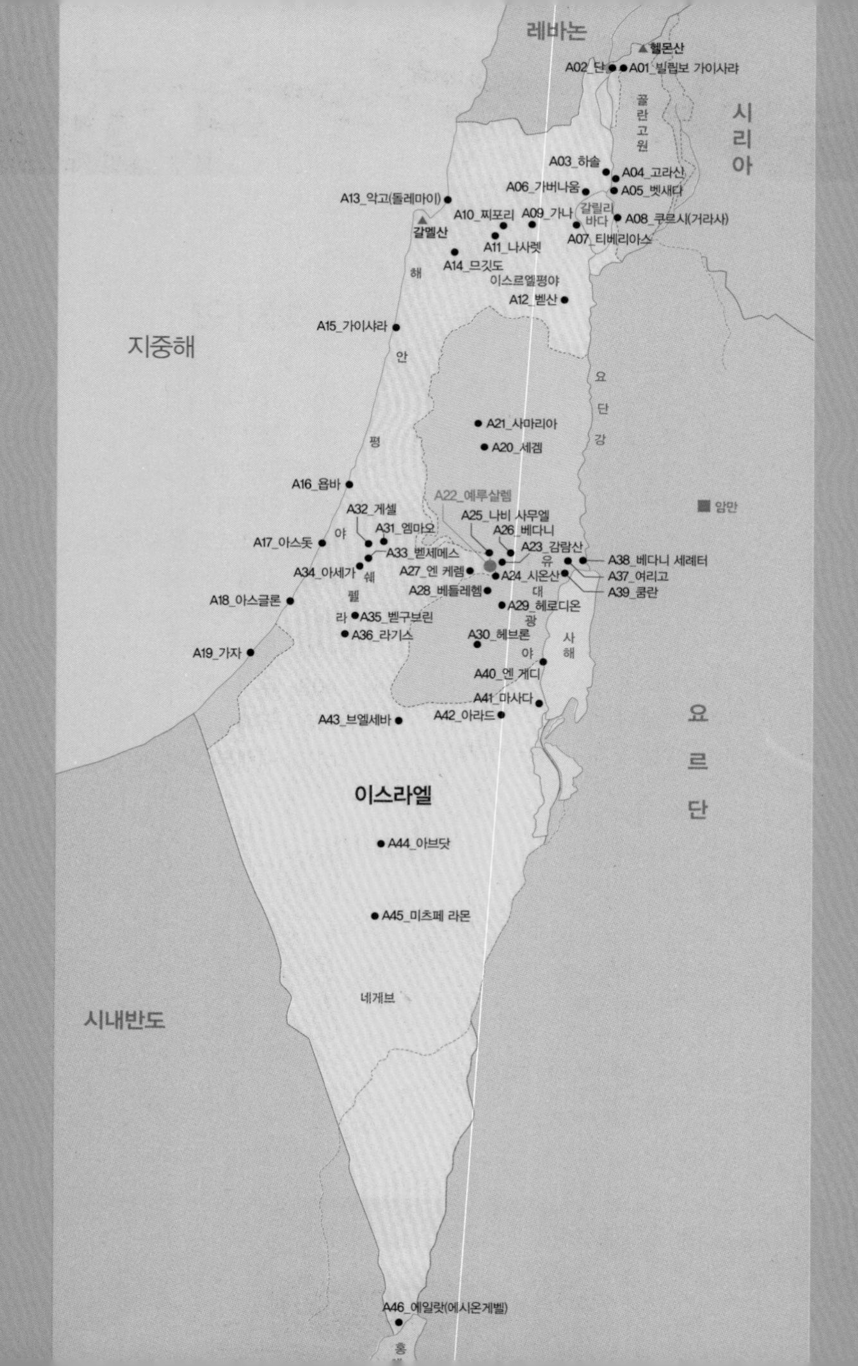

레바논
헬몬산
A02_단
A01_빌립보 가이사랴
골란고원
시리아
A03_하솔
A04_고라산
A06_가버나움
A05_벳새다
A13_악고(돌레마이)
A10_찌포리
A09_가나
갈릴리 바다
A08_쿠르시(거라사)
갈멜산
A11_나사렛
A07_티베리아스
A14_므깃도
해
이스르엘평야
A12_벧산
A15_가이사랴
지중해
안
요단강
A21_사마리아
A20_세겜
평
A16_욥바
A22_예루살렘
암만
A32_게셀
A25_나비 사무엘
A31_엠마오
A26_베다니
A17_아스돗
야
A23_감람산
A33_벧세메스
A38_베다니 세례터
A34_아세가
쉐
A27_엔 케렘
유
A24_시온산
A37_여리고
A28_베들레헴
대
A39_쿰란
펠
A18_아스글론
A29_헤로디온
라
A35_벧구브린
광
A36_라기스
A30_헤브론
사해
A19_가자
야
A40_엔 게디
A41_마사다
요르단
A42_아라드
A43_브엘세바
이스라엘
A44_아브닷
A45_미츠페 라몬
시내반도
네게브
A46_에일랏(에시온게벨)
홍

A Guidebook to the Holy Land ISRAEL

유적지

빌립보_가이사랴_판 신전과_헬몬 샘

유적지 | 북부 이스라엘

빌립보 가이사랴 Caesarea Philippi

위치

이스라엘의 최장 남북국도(90번) 북부 구간 중심 도시인 키르얏 쉬모나(Kiryat Shemona)의 동편 도로(99번)를 따라 약 15km 지점, 헬몬(Hermon)산 남서쪽 기슭, 골란 고원에 위치해 있다.

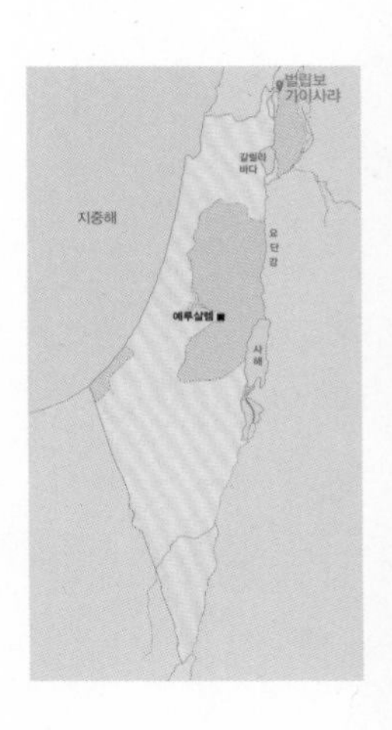

지명

① 주전 3세기 헬라 시대 판(Pan) 신전이 있어 '파니아스'(Panias)로 불렸다.

TIP

가이사랴 Caesarea

아우구스투스 황제(주전 27년-주후 14년 재위)를 기념하여 '가이사랴'(가이사의 도시)로 명명된 세 도시가 있다. 헤롯 왕에 의해 주전 25-13년 지중해 해안에 세워진 '해변의 가이사랴'(Caesarea Martima), 그 아들 빌립에 의해 명명된 '빌립보 가이사랴', 원래 헷 사람들에 의해 마자카(Mazaca)로 불렸으나 갑바도기아의 왕 아켈라우스(Archelaus)에 의해 이름 붙여진 '갑바도기아의 가이사랴'(Caesarea in Cappadocia)가 그것이다.

TIP

판 Pan

판은 그리스 신화에서 들판, 동굴, 목축, 산지, 사냥, 음악을 관장하는 목신(牧神)으로, 그리스어로 '꼴을 먹이다'(paein)는 단어에서 유래. 염소 뿔을 가진 인간의 상체와 염소의 하체를 가진 반신반인(半神半人) 모양의 신. 이로부터 공황 상태를 의미하는 영어 단어 '패닉'(panic)과 입으로 불어 파이프를 통해 소리를 내는 '팬파이프'(panpipe)가 유래됨.

② 로마 제국 시대 헤롯 대왕(주전 37-4년 재임)의 아들, 헤롯 빌립(주전 4년-주후 34년 통치)이 재건하여 로마의 초대 황제인 아우구스투스를 기려, '빌립보 가이사랴'(Caesarea Philippi) 또는 '가이사랴 파니아스'(Caesarea Panias)로 불렸다(마 16:13).

③ 아랍 점령 시대인 주후 7세기 '파니아스'는 아랍 식으로 '바니아스'(Banias)로 불렸다.

역사

① 헬라 시대 이전에는 바알을 섬긴 것과 관련하여 '바알 갓'(Ba'al-gad) 또는 '바알 헬몬'(Ba'al-hermon)으로 불렸다.

② 헬라 시대인 주전 3세기 이집트 프톨레마이오스(Ptolemaios)의 통치 아래 있었다.

③ 주전 198년 수리아 셀류시드(Seleucid) 가의 안티오쿠스 III세가 톨레미 가의 이집트를 제압한 후 염소 발을 가진, 헬라의 승리의 신인 판(Pan)에게 봉헌하는 신전을 건축하였다.

④ 주전 20년 헤롯 대왕의 영토에 복속되었다.

⑤ 주전 3년 빌립 II세(분봉왕 빌립)에 의해 도시가 세워진 이래, 골란(Golan)과 하우란(Hauran)을 포함한 바타네아(Batanea) 지역의 행정 수도가 되었다.

⑥ 주후 14년 빌립에 의해 재정비된 후, 아우구스투스 황제를 기려 '가이사의 도시', 곧 '가이사랴'로 명명되었다.

⑦ 주후 33년 빌립의 사후, 로마의 수리아 속주 관할 하에 있는 자치 도시가 되었다.

⑧ 주후 61년 헤롯 아그립바(Agrippa) II세가 네로

황제를 기려 이 도시를 네로니아스(Neronias)로 불렀다.

⑨ 주후 67년 유대 전쟁 당시 로마의 베스파시아누스(Vespasianus) 장군이 티베리아스(Tiberias)로 진격하기 전 20일 정도 이곳에 체류하였다.

⑩ 주후 361년 율리안(Julian) 황제는 헬라의 이교를 국가 종교로 명하여 이곳에 세워져 있던 그리스도 상을 대신하여 자신의 상을 세웠다.

⑪ 주후 636년 야르묵(Yarmuk)에 주둔해 있던 회교도들과 대치해 있던 비잔틴 제국의 지역 거점도시였다.

성경

① 이사야의 예언 당시 메소포타미아 지역에서 볼 때 지중해로 연결되는 '해변 길' 상에 위치한 도시였다(사 9:1; 마 4:15).

② 복음서 저자(마 16:13-16; 막 8:27-30; 눅 9:18-21)에 의하면, 이 도시는 예수께서 제자들에게 "사람들이 인자를 누구라 하느냐?", "너희는 나를 누구라 하느냐?"고 물으시고, 제자들로부터 '당신은 그리스도시요 살아계신 하나님의 아들'이라는 고백을 들으셨던 곳이다.

유적

① 헬몬 산 끝자락에서 시작하는 '바니아스 샘'(Hermon Springs): 여기서 시작된 샘물은 190m 고도차이가 나는 협곡을 따라 3.5㎞를 흘러, 다른 두 시내(단, 스닐)와 만나 상부 요단

TIP

해변 길 Derek ha-yam

북쪽 메소포타미아 지역의 관점에서 '바다로 가는 길'이라는 뜻이며, 출애굽 당시 이집트인들에 의해 '블레셋 사람의 땅으로 가는 길'(출 13:17)로도 불렸다. 이집트의 아나스타시(Anastasi) 파피루스에서는 '파라오의 길'인 '호루스의 길'로 불리기도 하였다. 이집트의 국경방어 도시 실르(Sile)에서 시작되어 가자, 욥바를 거쳐 이르게 되는 이 길은 군사적 전략도시인 므깃도에서 악고 평야를 지나 페니키아로 이어지는 길과 이스르엘 평야, 티베리아스, 레바논의 베카 계곡을 지나 다메섹으로 연결되는 길로 나누어졌다. 로마 시대에 이 길은 '비아 마리스'(Via Maris)로 불리기도 하였다.

TIP

요단 강의 수원지(水源池)

갈릴리 호수로 흘러들어가는 상부 요단 강의 세 수원지로는 스닐(Snir, 아랍어로 Hasbani), 단(Dan, 아랍어로 Leddan), 헬몬 산자락의 헬몬(Hermon, 아랍어로 Banias) 샘에서 흘러나오는 시내(stream)가 있는데, 이들은 악고와 다메섹을 연결하는 고대의 '바다길'(via maris) 상에 위치한 '야곱 딸들의 다리'(Gesher Bnot Ya'akov)와 훌라 호수를 지나 갈릴리 호수로 들어가는 상부 요단 강을 이룬다.

강으로 흘러들어갔다.

② 너비 20m, 높이 15m 크기의 판(Pan) 동굴과 길이 70m, 높이 40m 절벽에 세워진 판 신전 건축물: 여기에 세워진 많은 신전들은 헤롯에 의해 건축된 것이다.

③ 절벽 정상에 있는 하얀 색 구조물은 드루즈(Druze)인과 회교도들에게 성인으로 여겨지는 선지자 하다르(Nebi Khader)의 묘이다.

④ 헤롯 당시 건물 유적과 로마 시대 교량이 남아 있다.

⑤ 헤롯 아그립바 II세의 궁전, 직가(Cardo), 11세기 유대인 회당 유적을 볼 수 있다.

⑥ 십자군 시대(12세기) 성채의 성벽, 망대, 성문, 해자 등의 유적도 남아 있다.

⑦ 시디 이브라힘(Sheikh Sidi Ibrahim)의 무덤, 방앗간, 1967년 6일 전쟁 당시 파괴된 시리아 다리도 찾아볼 수 있다.

⑧ 방앗간에서 약 1㎞ 정도 떨어진 곳에 바니아스 폭포가 있는데, 바니아스 샘에서 폭포까지 이어지는 길은 걷기 좋은 산책길이며 도보로 한 시간 정도 소요된다.

Photo

A01_빌립보_가이사랴_판 신전과_헬몬 샘

A01_빌립보_가이사랴_폭포

빌립보_가이사랴_폭포

텔 단_성문앞_광장

유적지 | 북부 이스라엘

단 Dan

 위치

고고학 유적지인 텔(Tel) 단은 자연보호지역(Nature Reserve)에 포함되어 있으며 99번 도로를 타고 가다가 보면 키르얏 쉬모나(Qiryat Shemona)에서부터 표지판이 나온다. 성경에서 '브엘세바에서 단에 이르기까지'라는 말은 이스라엘의 남쪽 끝과 북쪽 끝의 지명을 사용하여 전체 국토를 가리킨다(수 20:1; 삼상 3:20; 삼하 3:10; 17:11; 24:2 등).

지명

① 여호수아가 가나안을 정복한 뒤 단 지파는 해안가의 땅을 차지하였으나 블레셋 군대와 대결하여 그 땅을 지킬 수 없게 되자 북쪽으로 올라가 가나안 족의 레셈을 정복하고 그곳의 이름을 '단'이라고 붙였다(수 19:47).

② 요단 강의 세 수원지(스닐, 단, 헬몬) 중에서 단 강은 가장 크며 가장 중요하다. 이는 이스라엘에서 가장 높은 산인 헬몬 산에서 내리는 눈과 비로 적셔진다. 이 물은 수백 개의 샘들로 나누어져 산으로 스며들어간다.

③ 텔 단 자연보호지역은 불과 120에이커 크기이지만 4개의 긴 산책로를 제공하며 부분적으로는 휠체어를 이용할 수 있다. 시내와 강 둑 주변을 거닐 수 있으며, 월계수 그늘 아래나 시리아 재나무 아래를 거닐 수도 있다. 이곳의 풍부한 물은 시리아 재 나무를 20m 높이에 이르기까지 자랄 수 있게 한다.

역사

① 요세푸스는 자신의 책에서 단의 역사에 대해 언급하고 있다(『유대전쟁사』 4:3). 주후 4세기까지 단에 사람들이 거주한 것으로 보이며 그 이후의 역사는 알려져 있지 않다.

② 분열왕국 때 여로보암이 백성들의 예루살렘 순례를 막기 위해 두 금송아지를 만들어 각각 벧엘과 단에 둔 바 있다.

성경

① 솔로몬이 사후 나라가 남북으로 나누어졌을 때, 여로보암이 금송아지를 만들어 단에 두게 되면서 유명하게 되었다(왕상 12:28-29).

② 여로보암은 단을 중요하게 생각하여 과거에 있던 성벽 밖에 새로운 성벽과 요새를 만들었다. 당시에 만든 남문(South Gate)이 남

쪽 언덕에 있다. 이 성문은 유다 아사왕(주전 908-867년)의 제안을 받아들인 시리아의 왕 벤하닷이 쳐들어 왔을 때 무너졌다(왕상 15:20).

③ 오므리왕(주전 882-871년)과 아합왕(주전 871-852년) 때에 단은 다시 세워졌다.

④ 앗수르 왕 디글랏 빌레셀이 주전 732년에 이스라엘 북부를 쳐들어온 이야기에서 단은 언급되지 않았지만 아마도 이 때 단의 주민들도 앗수르로 잡혀갔을 것으로 추측된다(왕하 15:29).

유적

① 이스라엘 문(Israelite Gate): 이 문은 철기시대에 단의 경제적, 사법적 중심지였다. 그곳에서 왕이 알현을 받았다(삼하 19:9). 그곳에서 존경받는 장로들이 모여 구두로 하는 상거래 계약의 증인이 되었고(창 23:17-19), 여러 곳을 다니는 여행객들이 모여 여행담을 들려주기도 했다. 아합왕 때 언덕 아래에 이 문을 중심으로 한 복합적인 시설을 만들었다. 동쪽 벽에는 주전 9세기경에 새겨진 '이스라엘의 왕'(king of Israel)과 '다윗의 집'(house of David)과 같은 글이 남아 있다.

② 중간 청동기 문(The Middle Bronze Gate): 고대근동에서 진흙 벽돌로 아치형으로 만들어진 문들 중 유일하게 보존되어 남아 있는 문이다. 주전 18세기에 처음 만들어진 것으로 보인다. 문 양쪽에는 문지기들의 방이 달려 있다. 당시에는 12m 아래쪽의 평지에서 문으로 걸어 올라오는 계단이 있었다. 문 양쪽에는 탑이 있다.

③ 중앙 제단(The Cult Center): 주전 10세기 여로보암 왕 때 만들어졌고 주후 4세까지 사용되었던 것으로 보인다. 물론 문화가 바뀌면서 다른 신을 위한 제단으로 사용되었다. 주후 2세기의 이중언어로 된 비문에는 헬라어로 "단에 있는 신에게, 조일로스(Zoi-los)가 서원을 맹세했다"고, 아람어로는 "단에서 질라스(Zilas)가 신에게 서원을 하였다"고 새겨져 있다.

④ 뿔이 달린 제단(The horned altar): 이 제단은 벽으로 둘러 싸인 광장에 있다. 그 제단에서 발견된 뿔의 높이와 제단의 비율을 1:6으로 보면 원래 그 제단은 약 3m 높이이며 제단 양쪽으로 계단이 있어서 제단으로 올라갔던 것으로 보인다.

⑤ 베이트 우씨쉬킨(Beit Ussishkin)에는 고고학 발굴물들이 전시되어 있다. 키부츠 단(Kibbutz Dan) 근처에 있는 이 박물관에는 1951년 늪지가 마르기 전부터 오늘날에 이르기까지 훌라 지역의 특성을 보여주는 동식물이 전시되어 있다.

Photo

A02_텔 단_성문앞_광장
A02_텔 단_고대 이스라엘_성소

텔단_고대 이스라엘_성소

텔 하솔_솔로몬 성문

유적지 | 갈릴리 호수 주변

하솔 Hatsor/Hazor

위치

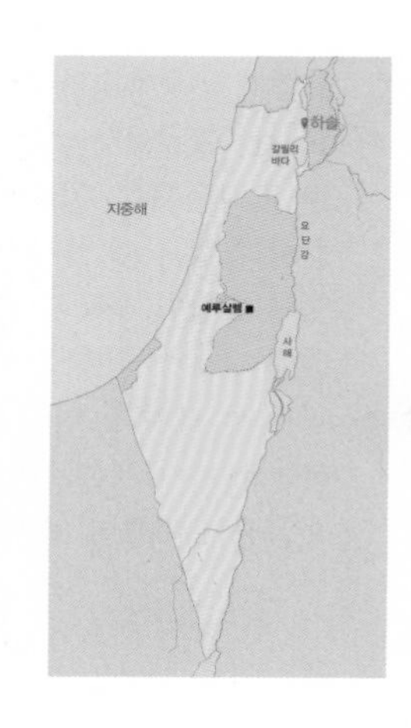

현대 이스라엘 고고학 장소 중 규모가 상당히 큰 유적지로 남아 있는 텔(Tel) 하솔은 갈릴리 바다에서 북쪽으로 14㎞, 훌라 호수에서 남서쪽 8㎞, 상부 요단 강에서 서쪽으로 6㎞ 되는 지점에 위치한다. 지중해 해안과 메소포타미아 지역을 잇는 '국제 해안 도로'(via maris) 상에 위치해 있으며 시돈, 벧산, 다메섹, 므깃도에 이르는 주요 무역로의 교차점에 자리하고 있다.

지명/지리

하솔은 납달리 지파에게 분배된 지역(수 19:36)으로, 아랍인들은 텔 하솔을 텔 엘 케다(Tell el-Qedah)라고 불렀으며, 텔 왁카츠(Tel Waqqas)와 동일한 장소로 여긴다.

역사

① 초기 청동기인 주전 5천 년 경부터 사람이 거주했다.
② 중기 청동기인 주전 18세기 상·하부 도시가 세워졌다.
③ 가나안의 하솔은 주전 19세기 애굽의 저주 문서에 처음 언급되었다.
④ 유프라테스 강의 마리에서 발견된 기록물에 언급된 이스라엘의 도시로는 유일한 도시이다. (중요한 도시: 부, 무역관계)
⑤ 주전 15-14세기 애굽 파라오의 군사작전 문서에 여러 번 언급된다. 주전 14세기 하솔왕 아브디-티르시(Abdi-Tirshi)가 애굽 파라오 아케나텐(Akhenaten)에게 보낸 편지에서도 언급되고 애굽의 엘-아마르나(El-Amarna) 보관문서에서도 발견된다.
⑥ 주전 9세기 아합 왕 때 이 도시는 배로 확대되고 동편이 요새화되었으며 중요한 공공 구조물, 성채, 곡식저장소가 건설되고, 수로체계가 구축되었다.
⑦ 도시는 아람과 시리아에 의해 거듭 손상되었으나 재건되었다.
⑧ 이 도시는 주전 732년 디글랏 빌레셀(Tiglath-Pileser) III세의 갈릴리 정복 때 마지막으로 파괴되었고, 이로써 북 왕국 이스라엘의 멸망이 시작되었다. 이 파괴로 정착은 더 위축되었으며 주전 7-2세기 상부 도시 서편에 지어진 성채로 제한되었다.
⑨ 마지막 역사적 언급은 주전 147년 요나단 마카비(Jonathan Macabee)가 데메트리우스(Demetrius)에 대항하여 싸운 전투를 언급하는 마카비 1서 9장 67절에 나타난다.

※ 메소포타미아의 주 이동 경로에서 고대 근동 세계의 하솔이 차지하였던 위치
Hazor–Ebla–Allepo–Emar–Mari–Euphrates 강–Babylon

성경

① 구약성서 메롬 물가(Mei Merom) 전투와 관련이 있다. 하솔 왕 야빈이 주변의 여러 부족들과 가나안 사람 등과 연합하여 메롬 물가에서 이스라엘과 전투를 벌였으나 패전한 기록이 여호수아에 남아있다(수 11:1–15). 이 전투에서 하솔만 불사르고 다른 성읍은 진멸하되 모든 재물과 가축을 남겼다는 기록이 있으나 불에 탄 증거는 발견되지 않았다.
② 사사기 4장에 의하면, 당시 가나안 군대는 하솔 왕 야빈의 장군 시스라가 통치했다(철병거 900승). 이스라엘 시기에 상부 도시만 정착이 새롭게 이루어졌으며, 제의성소를 포함한 몇 유적들은 사사 시대에 산발적인 정착을 보여준다.
③ 이 도시는 솔로몬 왕 때 건설되고 요새화되었다(왕상 9:15, "솔로몬 왕이 역꾼을 일으킨 까닭은 여호와의 전과 자기 궁과 밀로와 예루살렘 성과 하솔과 므깃도와 게셀을 건축하려 하였음이라"). 이 시기에는 단지 상부의 서편에만 정착한 것으로 보인다.
④ 앗수르 왕 디글랏 빌레셋 III세에 의해 파괴되었다(왕하 15:29).

유적

① 솔로몬 성문과 방어성벽(주전 10세기, 므깃도와 게셀과 비슷하게 대칭 구조, 두 개의 망대와 양편에 각 세 개의 성문실, 양편 성문실을 연결하는 두 개의 능보), 가나안 신전(주전 15–14세기), 가나안 왕궁(주전 14–13세기) 등의 유적이 있고, 이집트의 아마르나에서 하솔 왕 Abdi–Tirshi가 보낸 두 서신(주전 14세기)이 발견되기도 하였다.
② 솔로몬 성벽(주전 10세기)이 있다.

③ 4개의 방을 가진 올리브 짜는 곳과 공중 곡식저장고가 있다.
④ 아합 통치 당시(주전 9세기)의 이스라엘 수로 체계를 볼 수 있다.
⑤ 이스라엘 성채 유적(주전 9세기 아합 시대): 디글랏빌레셀 III세에 의해 파괴된 바 있다(주전 732년).
⑥ 성채 앞에 위치한 성문: 전기 에올릭(Aeolic) 주두 양식을 보여준다(므깃도, 사마리아, 라맛 라헬과 예루살렘). 이 성문은 예루살렘의 이스라엘 박물관으로 옮겨져 있으며, 성채는 다른 성채와 솔로몬 당시 성벽 위에 건축되어 있다. 사사시대의 제의 유적도 발견할 수 있다(주전 11세기).

Photo

A03_텔 하솔_솔로몬 성문
A03_텔 하솔_수리시설

TIP

하솔의 연구사

① 아랍어로 '텔 엘 케다'(Tell-el-Qedah)는 1875년 포터(J. L. Porter)에 의해 처음으로 하솔로 밝혀졌다.
② 1928년 영국 고고학자 가스탱(J. Garstang)이 이 유적지를 단기간 발굴했다.
③ 로스차일드(Rothschild) 재단의 후원하에 히브리 대학 야딘(Yigael Yadin)의 지시를 받아 1955-58과 1968-69년 발굴이 더욱 진척되었다.
④ 1990년 암몬 벤-토르(Amnon Ben-Tor)에 의해 발굴 재건. '이갈 야딘 기념 셀즈(Selz) 재단의 하솔 발굴': 히브리 대학 베르만 성서 고고학 센터와 이스라엘 발굴 협회 및 로스차일드 재단의 후원을 받은 히브리 대학과 마드리드의 컴플루텐스(Complutense) 대학의 연합 프로젝트로 진행되었다.

텔 하솔_수리시설

고라신_6세기_유대인 회당

유적지 | 갈릴리 호수 주변

고라신 Korazim/Chorazin

 위치

갈릴리 호수 북쪽에 있는 '고라신'(Korazin)은 가버나움에서 북쪽으로 3.5㎞ 거리에 자리잡고 있으며, 동부 갈릴리 지역의 현무암 구릉지대에 위치한다.

 지명/지리

① 유세비우스(Eusebius)의 지명(地名) 대조서인

『오노마스티콘』(Onomasticon)에서는 황폐한 도시로 소개되었다.

② 바벨론 탈무드(Menahot 85/A)에 의하면, 질 좋은 밀이 자랐던 유대인 마을이었다.

③ 고라신이라는 지명은 나무가 많은 곳이라는 의미를 가진다.

④ 현재는 키르벳 케라제(Khirbet Kerazeh)로 불린다.

역사

① 주후 1-2세기에 이곳에 사람들이 처음으로 거주하기 시작하여, 미쉬나(Mishna)와 탈무드(Talmud) 시대인 3-4세기에 도시가 남쪽으로 확대되어 성장하였다. 현재 유적 대부분은 이 시대의 것들이다.

② 탈무드 시대 말기인 주후 5-6세기 마을이 부흥되었다. 그 사이 많은 건물과 회당이 수리되었고 변모했다.

③ 8세기 초기 아랍 시대에 여러 건물이 다양하게 변모했다.

④ 몇 세기의 휴지기를 지나 13세기에 새롭게 정착했다.

⑤ 15세기에서 20세기 초까지 소수가 차지하고 있었다.

⑥ 16세기 이 마을을 지나던 여행자가 고라신에 사는 유대인 어부에 대한 기록을 남겼다.

성경

① 신약성경에서 두 번 언급된다(마 11:21-24//눅 10:13).

② 벳새다와 함께 예수께서 권능을 가장 많이 행한 곳으로 소개된다(마 11:20, “예수께서 권능을 가장 많이 행하신 고을들 …”).

③ 권능을 경험했으나 회개하지 않음으로 책망을 받은 도시이다(마 11:20-21, “… 회개하지 아니하므로 그 때에 책망하시되 화 있을진저 고라신아 화 있을진저 벳새다야 너희에게 행한 모든 권능을 두로와 시돈에서 행하였더라면 그들이 벌써 베옷을 입고 재에 앉아 회개하였으리라”).

TIP

고라신의 연구사

① 1900년대 콜(Kohl)과 와트징거(Watzinger)의 지휘로 고대 회당 부분이 처음 발굴되었다.
② 1920년대 히브리 대학과 영국 위임정부 유물국(British Mandate Government's Department of Antiquities)에 의해 발굴이 재개되었다.
③ 중앙지역은 1962-65년 이스라엘 유물박물관국(Department of Antiquities & Museums)에 의해 발굴되었다.
④ 1980년과 83년 이스라엘 국립공원당국과 유물박물관국의 공동 발굴로 진행되었다.

유적

① 현재 발굴된 유적의 대부분은 3-4세기의 것으로, 그중 현무암으로 지어진, 4세기 당시 유대인의 회당 유적이 유명하다.
② 회당의 상석인 '모세의 자리'(마 23:2)와, 그리스 신화가 유대 회당 건축에 문화적으로 유입된 흔적인 메두사 문양을 볼 수 있다.
③ 유적은 5개 지역으로 나누어져 있다.
- 북편 지역: 길 건너편 거주 지역
- 중앙 지역: 정결 목욕탕, 포장된 뜰과 주택, 고대 회당, 회당 앞마당
- 서편 지역: 주택과 올리브기름 짜는 곳
- 남편 지역: 거주 지역
- 동편 지역: 거주 지역

Photo

A04_고라신_6세기_유대인 회당
A04_고라신_유대인 회당_장식_메두사 문양

고라신_유대인 회당_장식_메두사 문양

벳새다

유적지 | 갈릴리 호수 주변

벳새다 Bethsaida

위치

벳새다는 갈릴리 호수 북쪽으로부터 안으로부터 1.5㎞에 위치해 있다. 텔 벳새다는 이스라엘에서 발견된 가장 큰 인공 언덕 중 하나로 갈릴리 바다 전체를 조망할 수 있으며, 요새화된 성읍으로 구약성경에 언급된 갈릴리 해변의 제르(Zer)로 본다.

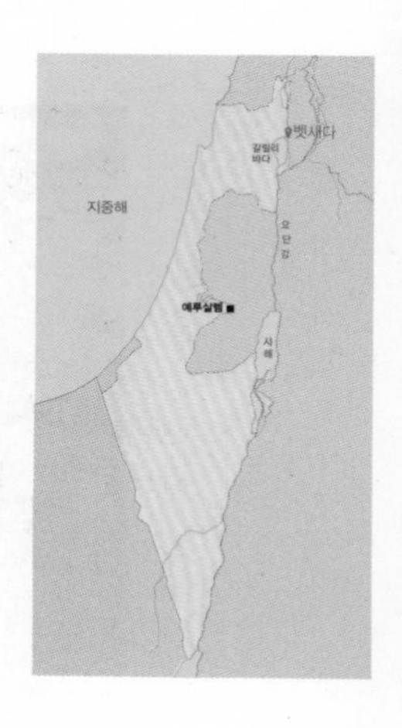

지명/지리

① '어부의 집'이란 뜻의 지명이다.

② 고대 유대인 역사가 요세푸스는 30년경 헤롯 대왕의 아들 빌립이 이 마을을 그리스 도시로 격상하여 그 이름을 죽은 아우구스투스 황제의 아내인 리비아 줄리어스(Livia–Julias)를 따라 줄리어스(Julias)라고 명명했다. 4년 후 빌립이 죽은 뒤 그가 좋아하던 벳새다에 장사되었다.

역사

① 요세푸스에 의하면 벳새다는 67년 유대인이 로마에 대항한 첫 번째 혁명의 개시 전투를 한 곳이다.

② 랍비 문헌에서 이스라엘 땅의 역사적 국경에 위치한 도시로 잘 알려져 있었다.

③ 2세기의 조각물에 의하면, 랍비 시몬 벤 가말리엘(Shimon ben Gamaliel)과 하드리아누스(Hadrianus) 황제가 이 도시에 육류와 닭이 많음에 대해 말하고 있다.

④ 헬라와 로마 시대의 많은 문헌에도 불구하고 중세를 지나서까지도 기독교 순례자들은 이 자리를 정확하게 찾지 못했다.

⑤ 1838년 미국 학자 로빈슨(Edward Robinson)은 비록 갈릴리 바다 배면에 위치해 있지만 이–텔(e–Tell)로 알려진 언덕을 고대 벳새다라고 제안하였다.

⑥ 수십 년 후 하이파(Haifa)의 독일 거주지에서 온 학자인 슈마커(Gottlieb Schumacher)는 어부의 마을이 해안에서 먼 곳에 위치해 있다는 것은 받아들이기 어렵다고 주장했다.

⑦ 1987년 발굴과 지리학적인 조사가 시작되었고 이–텔(e–Tell)이 고대 벳새다라는 로빈슨의 주장이 정당하다는 결론을 내렸다.

⑧ 그 증거는 당시 갈릴리 바다가 현재의 크기보다 더 컸다는 데에 있다.

성경

① 다윗 왕국 때 중요한 역할을 했던 그술(Geshur)의 영토 안에 위치한다.

② 다윗은 그술 왕 달매(Talmai)의 딸 마아가(Maachah)와 결혼하여 압살롬을 낳았다(삼하 3:3). 압살롬이 한때 조부의 성읍인 그술의 이 성읍에 머물렀다.

③ 예수께서 이곳에서 무리를 먹이심(눅 9:10-17), 맹인을 고치심(막 8:22-26), 물위를 걸으심(막 6:45-52) 등 많은 이적을 행하셨다.

④ 예수께서는 벳새다 사람, 세례 요한의 제자였던 안드레, 안드레의 형제 시몬 베드로, 한 동네 사람 빌립을 제자로 부르셨다(요 1:44, "빌립은 안드레와 베드로와 한 동네 벳새다 사람이라"). 후에 기독교 전승은 다른 사도들을 이 도시와 관련지었다.

⑤ 예수께서 권능을 가장 많이 행하신 고을들이 회개하지 않음을 책망하실 때 그 대상이 되었다(마 11:21-22, "화 있을진저 고라신아 화 있을진저 벳새다야 너희에게 행한 모든 권능을 두로와 시돈에서 행하였더라면 그들이 벌써 베옷을 입고 재에 앉아 회개하였으리라").

유적

❑ 제1성전 시대(주전 1000-586년)

① 성읍은 당시 군사 건축물 구조로는 비교할 만한 것이 없는 거대한 요새 구조물로 둘러싸여 있었다.

② 입구 옆에 두 개의 망대가 있다.

③ 잘 보존된, 네 개의 방을 갖춘 성문과 제의적 '산당'(High Place)이 있다.

④ 거대한 석비(stele)가 성문 곁에 있었으며, 하나는 황소 얼굴의 전사 모양으로 장식되어 있는데, 원래의 것은 예루살렘 이스라엘 박물관에 전시되어 있다.

⑤ 성문은 주전 732년 앗수르의 이스라엘 정복 시 대화재로 파괴되었다.
⑥ 성문을 따라 들어가면 넓은 포장된 광장을 가진 큰 궁전이 있다.
⑦ 궁전의 발굴물 가운데 뛰어난 것으로 애굽의 풍요의 신 파타이코스(Pataikos)의 작은 광택이 나는 채색 조상이 꼽힌다.

❑ 제2성전 시대(주전 586년 이후)

① 작은 안마당을 가지고 있는 몇 채의 집으로 형성된 거주 지역을 발굴했다.
② 어부의 집: 많은 고기 잡는 도구들이 발견되어 붙여진 이름이다.
③ 포도주 제조인의 집: 포도주 통과 가지 치는 장비와 함께 있는 포도주 저장창고가 있다.
④ 성문 위에 아마도 로마 제국의 리비아-줄리어스(Livia-Julias) 제의에 봉헌된 신전이 있었던 것으로 여겨지는 구조물이 있었을 것으로 추측된다.
⑤ 훌륭한 발굴물 중 하나로 로마 신전에서 통상적으로 사용되던 청동제 방향(芳香) 삽이 있다(주후 1세기).

A05_벳새다
A05_벳새다_고대 신전 석비

벳새다_고대 신전 석비

가버나움_회당_외관

유적지 | 갈릴리 호수 주변

가버나움 Capernaum

위치

예수의 공생애 활동지로 유명한 '가버나움'은 주전 2세기 경 하스모니아(Hasmonia) 시대에 갈릴리 호수 북쪽 해변에 있던 농어촌 마을이었다. 그 유적지는 티베리아스(Tiberias)에서 북동쪽으로 약 16㎞, 또 상부 요단 강과 갈릴리 호수가 만나는 곳으로부터 이스라엘 87번 국도를 따라 남서쪽으로 약 5㎞, 오병이어 기념 교회가 세워져 있는 '타브가'(Tabgha)에서 약 3㎞ 지점에 위치해 있다. '타브가'와 '가버나움' 사이에 '그리스도의 식탁'(Mensa Christi)으로 불리는 바위에 세워진 '베드로 수위권 교회'(Church of Peter's Primacy)가 있다.

지명

① '가버나움'(Capernaum)이란 히브리어로 '나훔의 마을'이란 뜻을 지닌 '크파르 나훔'(Kfar Nahum)에서 유래된 명칭이다. 그러나 이는 선지자 나훔과는 무관한 지명이다.
② 신약성경에서 이 명칭은 요세푸스(Josephus)의 『유대전쟁사』(III. 519)에서처럼 그리스어로 '카파르나움'(Kapharnaum)으로 나타나며, 다른 신약사본에서는 '카페르나움'(Kapernaum)으로 나타나기도 한다.
③ 아랍어로는 '탈훔'(Talhum) 또는 '텔훔'(Tell Hum)으로 불리는데, '훔(Hum)의 유적언덕(Tell)'이란 뜻인데, '훔'은 '나훔'(Nahum)의 줄임말로 추정된다.
④ '탈무드'에서는 '크파르 탄훔'(Kfar Tanhum)으로도 나타난다.
⑤ 요세푸스의 『유대전쟁사』(III. 519)에 의하면, 가버나움은 물이 많은 비옥한 지역이었다.

역사

① 고고학적 발굴에 의하면, 이곳에 사람들이 거주하기 시작한 때는 주전 2천 년경이었다.
② 마을로서 '가버나움'의 유적은 유대인들이 외세에 맞서 독립을 쟁취한 주전 2세기 경 하스모니아(Hasmonia) 시대에 처음 발견되었다.
③ 처음의 주민들은 농사와 고기잡이에 종사하며, 방어 성벽 없이 갈릴리 해안을 따라 펼쳐진 마을에 살았다.
④ 요세푸스는 로마 제국에 대항한 첫 번째 유대전쟁(주후 66-70년) 시 유대인 장군으로 출전하였으나 벳새다에서 낙마하여 이곳으

로 붙잡혀온 적이 있었다(요세푸스, 『자서전』, 72).

⑤ 비잔틴 시대 조그만 이 마을이 확장되었는데, 이때 주민수가 약 1,500명에 이르렀다. 그러나 여전히 가버나움은 갈릴리 바다 주변의 다른 도시들보다 덜 중요한 마을이었다.

⑥ 요세푸스에 의하면, 주후 1세기 유대전쟁 당시 '막달라'(Magdala)의 주민수는 4만 명 정도였다. 이로 보건대, 가버나움은 예수 당시 작은 마을이었다.

⑦ 그렇기는 하지만, 가버나움은 '스구도볼리'(Scythopolis, 벧산)와 '다메섹'(Damascus)을 잇는 로마 제국의 간선 도로 상에 위치해 있었다. 이에 반해 나사렛은 갈릴리의 산지에 위치해 있어 주요 도로에서 고립되어 있었다.

⑧ 이 마을은 헤롯 안디바가 갈릴리 지역의 수도로 삼았던 티베리아스로부터도 떨어져 있어, 이곳은 예수께서 공생애 활동의 거주지로 삼기에 적절하였다.

⑨ 예수 당시 가버나움은 작은 마을이었으나, 분봉왕 헤롯 안디바(Herodes Antipas I세, 주전 4년–주후 34년)가 다스리던 상부 요단 강 서편의 갈릴리와 그 동생 빌립(Herodes Philip, 주전 4년–주후 34년)이 통치하던 상부 요단 강 동편의 골란 사이의 경계에 놓여 있는 유일한 마을이어서, 이곳에 세관(막 2:13–17; 마 9:9–13 참조)이 있었다.

⑩ 로마와 비잔틴 시대에 크게 파괴된 흔적이 없었고, 주후 7세기 아랍 시대에도 그러했다.

성경

① '가버나움'은 구약성경에서는 나타나지 않으나, 신약성경에서는 예수께서 공생애 기간 중 거주하면서 활동하신 중요한 마을로 묘사된다.

② 예수께서 세례 요한이 잡힌 후 나사렛을 떠나 머무신 공생애 첫 거주지로, 호수변에 있는 마을이었다(마 4:12–13; 눅 4:31). 마태는 가버나움을 예수의 '본 동네', 곧 '자기 동네'로 묘사하였다(마

9:1).

③ 예수는 이곳에 거주하던 어부(시몬과 안드레, 요한과 야고보)나 세리 가운데서 자신의 제자로 삼으셨다(마 4:18-22).

④ 예수께서 이곳 세리 마태의 초청을 받아 그 집에서 다른 세리들과 함께 음식을 잡수셨다(마 9:9-13; 막 2:13-17).

⑤ 예수께서 안식일에 이곳 회당에서 가르치시며, 더러운 귀신 들린 사람의 귀신을 쫓아내셨다(막 1:21-28; 눅 4:31-37).

⑥ 예수께서 이곳 회당에서 나와, 야고보와 요한과 함께 시몬과 안드레의 집에 가서 시몬의 장모의 열병을 고치셨다(마 8:14-17; 막 1:29-31; 눅 4:38-39).

⑦ 예수께서 회당에서 나와 집에 계실 때, 친구들의 도움으로 지붕을 뜯어 내려진 중풍병자를 고치시며 죄 사함을 선포하셨다(마 9:1-8; 막 2:1-12; 눅 5:17-26).

⑧ 예수께서 이곳에서 백부장의 하인의 중풍병을 말씀으로 고치셨다(마 8:5-13; 눅 7:1-10; 요 4:46-53).

TIP

성전세

성전세란, 출애굽 당시 여호와께서 모세에게 주신 성소의 규례(출 30:11-16)에 의하면, 20세 이상이 된 이스라엘 자손은 누구든지 자신의 생명에 대한 속전(贖錢)으로 성소(聖所)에 반 세겔을 드려 성막(聖幕) 봉사에 쓰이게 하는 성물이었다. 예수 당시 성전세는 '두 드라크마'였으며, 징수지는 거주지였다. 드라크마는 은전(銀錢)의 한 종류로, 예수 당시 로마 은전인 데나리온과 병행해서 사용되던 헬라 은전으로는 '4 드라크마', '2 드라크마', '한 드라크마'에 해당하는 '스타테르'(마 17:27, 한글개역개정성경에서는 '세겔'), '디드라크마'(마 17:24, 한글개역개정성경에서는 '반 세겔'), '드라크마'(눅 15:8-9)가 있었다.

⑨ 예수께서 이곳 회당장 야이로의 딸을 살리셨다(마 9:18-26; 막 5:21-43; 눅 8:40-56).

⑩ 가버나움에 사는 로마 백부장이 유대인을 사랑하여 이곳에 회당을 지었다(눅 7:5).

⑪ 예수께서 가버나움에서 배를 타고 가다라 지방으로 가실 때 갈릴리 바다의 풍랑을 잔잔하게 하셨다(마 8:23-27; 막 4:35-41; 눅 8:22-25).

⑫ 고라신과 벳새다에서처럼 예수께서 이적을 많이 행하셨으나 회개하지 않은 마을이다(마 11:20-24; 눅 10:13-15).

⑬ 예수께서 이곳에서 세리들이 징수하는 성전세 납부에 대해 베드로에게 가르치시며, 낚시한 물고기 입에서 은전을 얻게 하셨다(마 17:24-27).

유적

예수 당시의 유대교 회당 터 위에 세워진 5세기 회당과 '베드로 집 터', '국제 해안 도로' 이정표 등의 유적이 남아 있다. 가버나움 주변에 여러 성지순례지가 있는데, 예수께서 무리를 이적으로 먹이신 것을 기념하여 세워져 있는, '타브가'(Tabgha)로 불리는 '오병이어 기념교회'(마 14:13-21), 산상에서 제자들과 무리들에게 복을 선포하신 것을 기념하여 세운 '팔복교회'(마 5:3-12), 부활 후 베드로에게 사랑을 확인하셨던 곳을 기념하여 세운 '베드로 수위권(首位權) 교회'(요 21:15-17) 등이 그것이다.

① 비잔틴 시대의 회당이 발견되었다. 2층 구조로 된 회당의 기도실(20.4m×18.65m)은 4세기의 것이며, 동편 부속 안마당은 5세기의 것이다. 석회석으로 된 이 회당(일명 '하얀 회당'[White Synagogue])의 바닥 아래 1세기 당시 회당의 현무암 바닥이 발굴되었다.

② 발굴된 회당은 석재 장식에서 특성을 보여주는데, 이동될 수 있는 언약궤나, 메노라와 같은 유대 예전 상징이나, 포도송이와 잎사귀, 대추야자, 다윗의 별, 양의 뿔 등의 상징들로 장식되어 있었다.

③ 이 회당의 두 기둥에 비문이 새겨져 있었는데, 기도실에 있는 기둥에는 "무(키)모스(Mu[ci]mos)의 아들, 헤로두스(Herodus)와 그의 아들 유스토스(Justos), 그리고 그들의 자녀들이 이 기둥을 세웠다."라는 그리스어 비문이 새겨져 있으며, 안마당의 기둥에는 "재다(Zaida)의 자손이자, 요하난(Johanan)의 자손 헬포(Helfo)가 이 기둥을 만들었다. 그에게 복이 있을지어다."라는 아람어 비문이 새겨져 있다.

④ 이 회당 기도실의 세 개의 주 출입문은 남쪽인 예루살렘을 향하여 나있었다.

⑤ 회당에서 약 3만 개의 로마 시대 주화들이 발굴되었다.

⑥ 회당에서 약 30m 떨어진 곳에서 1세기 당시 '베드로의 가옥 유적'이 발견되었는데, 비잔틴 시대에 들어서자 4세기에 이 기초

위에 '주택형 교회'(Domus-Ecclesia)가 세워졌다가, 5세기 중엽에 팔각형 모양의 교회가 세워져 7세기까지 사용되었다. 1990년이 '성스러운 공동주택'(Insula Sacra) 위에 새로운 교회가 이탈리아 건축가 아베타(Ildo Avetta)에 의해 세워졌다.

⑦ 예수 당시의 베드로 집은 가옥 구조가 테라스 형으로 지붕을 뜯고 상을 내릴 수 있는 구조였고(막 2:1-12 참조), 방은 회(灰)칠이 되어 있었다.

⑧ '성스러운 공동주택'에서 토기, 둥근 솥(tatoun), 램프, 여러 언어(헬라어, 수리아어, 히브리어, 아람어, 라틴어)로 새겨진 비문(150개 이상) 토기 조각들이 발견되었다.

⑨ 로마 시대에 사용된 올리브 기름을 짜는 방앗간이 발견되었다.

⑩ 회당에서 북쪽으로 100m 정도 떨어진 곳에 로마 제국의 간선도로가 지나갔으며, 그곳에서 "황제 / 신이신 시저 / 트라얀누스 파르티쿠스 / 신 네르바의 아들 네포스 / 트라야누스 / 아드리아누스 아우구스투스"(IMPERATOR / CAESAR / TRAIANI PARTHICI / FILIUS DIVI NERVAE / NEPOS - TRAIANUS / ADRIANUS AUGUSTUS)라고 새겨진 도로의 거리를 알리는 이정표(milestone)가 발견되었다.

⑪ 현재 가버나움 동쪽 로마 시대 유적지는 그리스 정교회가 관할하고 있다.

⑫ 동쪽 가버나움 유적지에서 1세기 건설된 로마 목욕탕 유적이 발견되었다.

Photo

A06_가버나움_회당_외관

A06_가버나움_회당_유적 내부

가버나움_회당_유적 내부

티베리아스_선착장

유적지 | 갈릴리 호수 주변

티베리아스 Tiberias

위치

① 갈릴리 호수 서안(西岸)에 위치하고 있으며, 해수면보다 212m 낮은 지역이다.

② 주후 20년 분봉왕 헤롯 안디바가 자신의 통치지 갈릴리와 베뢰아 지역의 수도로 건설했고, 자신의 후원자인 티베리우스 황제의 이름을 따서 도시의 이름을 붙였다. 그 이전에는 세포리스(Sepphoris)가 수도였다.

③ 그러나 이 신도시가 세워진 곳이 과거 무덤 터

였기 때문에 초기에 유대인 거주자들은 이곳을 기피했다.

지명/지리

① 가이사 티베리우스(Tiberius, 주후 14-37년)를 기념하여 붙인 이름이다.
② 이 도시의 중요성으로 인해 갈릴리 호수를 '디베랴 바다'로 부르기도 했다(요 6:1; 21:1).
③ 17개의 치료 효험이 있는 온천이 있던 휴양 도시였다.

역사

① 헤롯 안티파스(주전 4년-주후 39년 갈릴리와 베뢰아 지역을 다스린 분봉왕)가 주후 17-20년경에 건설한 도시다.
② 주후 67년에 발생한 유대-로마 전쟁에서 티베리아스는 베스파시안 장군에게 저항하지 않았다.
③ 주후 132년에 발생한 제2차 유대-로마 전쟁 이후 유대인들이 유대에서 쫓겨났기 때문에 갈릴리에 유대인 인구가 증가했다.
④ 티베리아스는 점차 유대인 학자들이 유대교의 전통을 가르치고 전수하는 중심지가 되었다.
⑤ 미쉬나를 편집한 랍비 유다(Judah he-Nasi)의 마지막 제자인 랍비 요하난 벤 납파하(Johanan ben Nappaha)가 이곳에서 티베리아스 학파를 설립했다. 그가 이곳에서 만든 '게마라'(Gemara)는 후에 예루살렘 탈무드에 포함되었다.
⑥ 예수가 이 도시를 방문했다는 기록이 없기 때문에 기독교인들은 티베리아스를 그다지 중요하게 여기지 않아서 순례하지 않았다.
⑦ 하지만 유스티니아누스 황제(527-65)는 이 도시에서 유대교보다 기독교가 더 강하다는 것을 보여주기 위해 도시에서 가장 높은 곳에 교회를 지었다.
⑧ 로마, 비잔틴, 아랍 옴마야드(Omayyad) 시대에 사람들이 거주하였다.

⑨ 십자군 전쟁때 살라딘의 통치를 받기도 했다.
⑩ 제1차 세계대전 이후 영국의 지배 아래 있었다.

성경

① 여호수아가 가나안을 정복할 당시 납달리 지파가 요새화한 도시이다(수 19:35).
② 예수의 갈릴리 바다 부근 사역에서 언급되는 지명이다(요 6:1, 그 후에 예수께서 디베랴의 갈릴리 바다 건너편으로 가시매; 요 6:23, 그러나 디베랴에서 배들이 주께서 축사하신 후 여럿이 떡 먹던 그 곳에 가까이 왔더라).
③ 부활한 예수께서 어부의 생업으로 돌아간 제자들을 다시 찾은 곳이다(요 21:4-7).

유적

① 성 베드로교회(St. Peter's Church): 1100년 경에 세워진 이 교회는 한때 모스크가 되었으나 1870년에 다시 교회로 세워졌다.
② 요하난 벤 자카이(Yohanan ben Zakkai)(주후 1세기), 랍비 아키바(주후 2세기), 엘리에셀 벤 힐카누스(Eliezer ben Hyrcanus)(주후 2세기) 등의 무덤이 있다.
③ '하맛 테베랴'에 3-5세기 당시 바닥에 모자이크가 깔린 유대인 회당 유적이 남아 있다.
④ 12세기 십자군 시대의 성벽을 볼 수 있다.
⑤ 십자군 성당(Crusader Cathedral)이 고고학 공원 안에 있다.
⑥ 현재는 각광받는 휴양도시로서 관광객들이 붐빈다.

Photo

A07_티베리아스_선착장
A07_티베리아스의_일몰

티베리아스의_일몰

쿠르시(거라사)_비잔틴 교회

유적지 | 갈릴리 호수 주변

쿠르시(거라사) Kursi(Gergessa/Gerasa)

위치

쿠르시는 갈릴리 동편, 에인 게브에서 북으로 7㎞ 지점에 위치하며, 갈릴리 맞은편 거라사 인의 땅이다(눅 8:26).

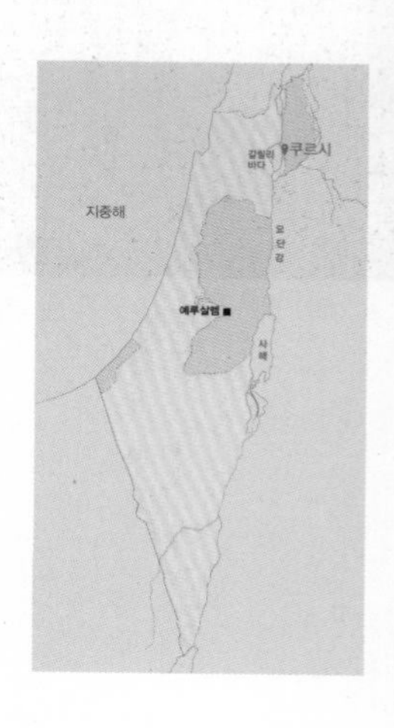

지명

히브리 어로 '쿠르시'(영어식 Kursi) 혹은 '게라쉼'으로 불린다.

역사

① 1970년 도로 건설 공사 때 유물 일부가 발견되었다.
② 이스라엘 고대 및 박물관청의 우르만(Dan Urman)과 짜페리스(Vassilios Tzaferis)에 의해 발굴되었다.
③ 교회와 외벽으로 둘려 쌓여 있는 수도원은 145×123m 규모이다.
④ 여기 예배당 바닥에서 다른 세 가지 층으로 된 모자이크가 발견되었다.
⑤ 그 밖에 기둥들, 훼손된 비문, 갈릴리를 내려다보는 돌 벤치 등 발견되었다.
⑥ 그 바위 근처에서 돼지 떼 사건이 일어났다고 본다.
⑦ 614년 페르시아의 성지 침입으로 교회가 훼손되고 다른 건물들도 파괴되었으나, 교회는 나중에 재건되었다.
⑧ 8세기 초 화재로 전소되었다.
⑨ 9세기 아랍 정착인들이 교회 유적을 주거지와 곡물저장소로 사용했다.
⑩ 9세기부터 최근 복구될 때까지 기독교인의 순례가 끊기게 되었다.

성경

① 신약(눅 8:26–39 / 마 8:23–34)에 의하면, 예수에 의해 '돼지 몰살의 이적'이 일어난 곳이다.
② 탈무드에서는 우상 숭배의 중심지로 불린다.

유적

① 수도원과 교회는 5세기경에 세워진 것으로 추정한다. 두 줄의 기둥들이 있는 바실리카 양식으로 건축되었고, 본당 회중석(nave)

과 옆 측면 통로 등을 볼 수 있다.

② 교회 안에 반원형 전단, 양편 보조실, 우측 예배실, 좌측 올리브실, 안마당 전실 등을 둘러볼 수 있다.

③ 국립공원 당국은 올리브기름 짜는 곳 등을 복원해 놓았다.

④ 예배당 근처에서 30구의 유해가 발굴되었는데, 제사장들의 유해로 추정된다.

Photo

A08_쿠르시(거라사)_돼지 몰살 언덕_비잔틴 수도원

A08_쿠르시(거라사)_비잔틴 교회

쿠르시(거라사)_돼지 몰살 언덕_비잔틴 수도원

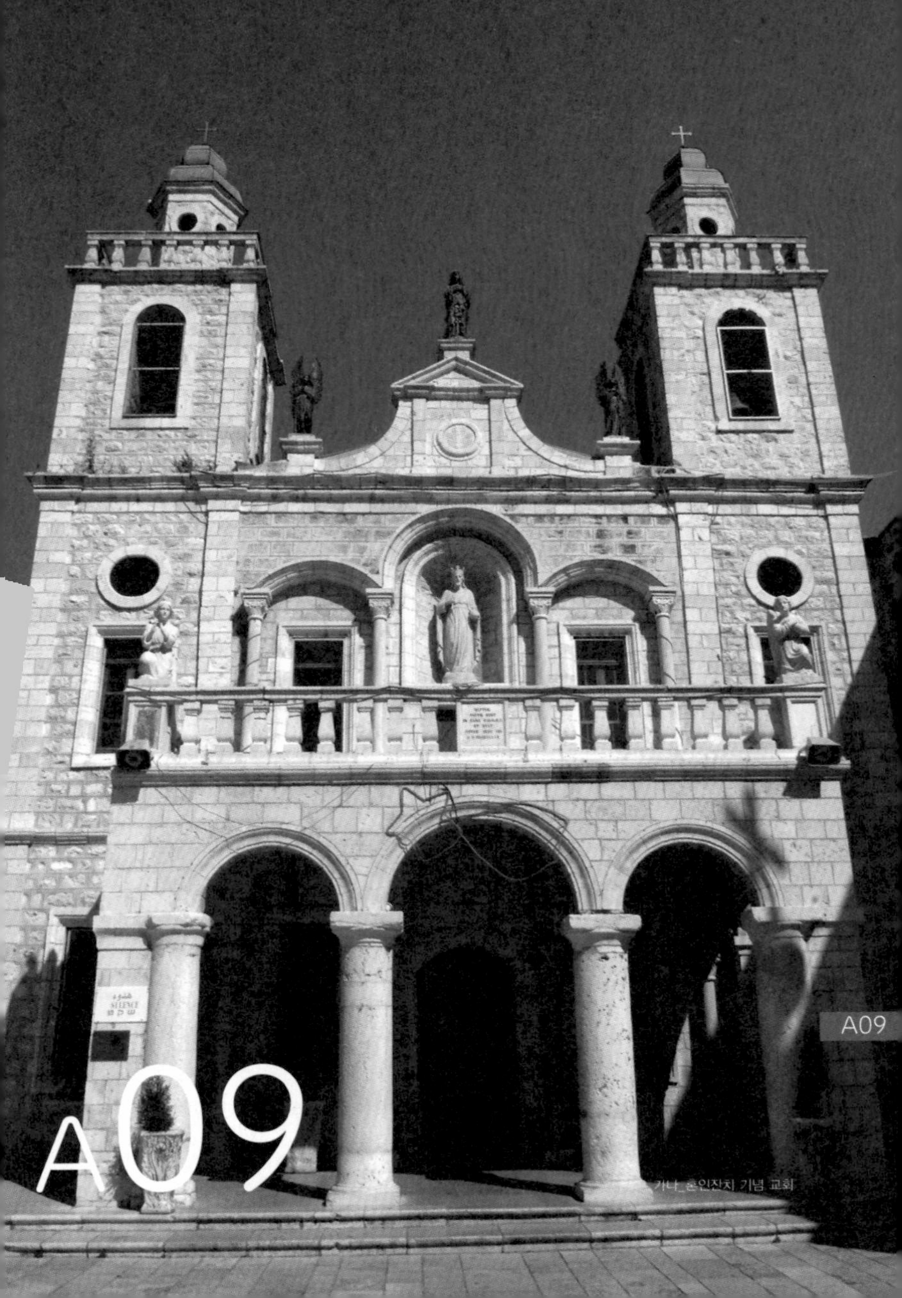

가나_혼인잔치 기념 교회

유적지 | 갈릴리

가나 Canaa/Kefr Kenna

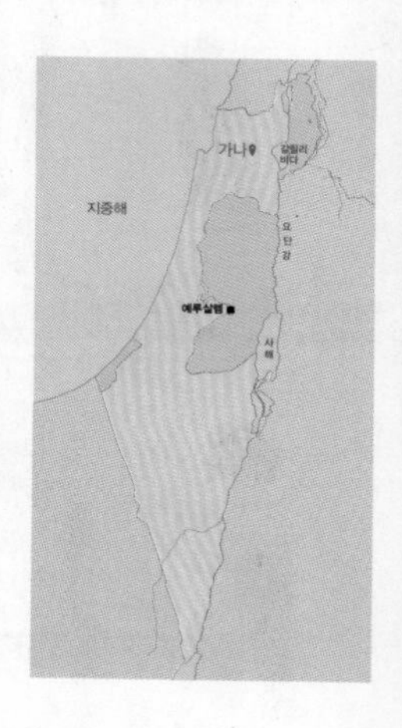

위치

가나 추정지로는 일반적으로 두 장소가 거론된다. 첫째, '케프르 케나'(Kefr Kenna)로 나사렛에서 동북쪽 티베리아스로 가는 길 약 6.4㎞ 지점에 위치한다. 둘째, '키르벳 카나'(Khirbet Qana)로 나사렛에서 북쪽으로 약 14.4㎞ 떨어진 고대의 폐허이다. 대부분 학자들은 후자를 지지한다. 일반적으로 사람들이 성지순례를 위해 많이 찾는 곳은 '케프르 케나'이다.

지명

갈대(qaneh)를 뜻하는 히브리어에서 유래한 것으로 보인다(창 41:5; 왕상 14:15).

역사

① 유대인 역사가 요세푸스는 유대-로마 전쟁(주후 66-70년) 동안 "가나라는 이름의 갈릴리 마을"에 머물렀다고 한다(『생애』 16,86).
② 주후 3세기에 제롬의 제자였던 파울라와 유스토키움은 "나사렛에서 멀지 않은 곳에서 가나를 발견했는데, 그곳이 물이 포도주로 변한 사건이 일어난 곳이다"라고 보고하였다.
③ 1879년 프란치스코 교회가 이곳에 세워졌다.

성경

① 예수께서 공생애 초기에 한 혼인잔치에서 물로 포도주를 만드신 첫 번째 기적을 베푸신 곳이다(요 2:1–11).
② 예수의 말씀으로 왕의 신하의 아들을 고쳐주신 곳이다(요 4:46–54).
③ 갈릴리 지역의 한 마을로 예수의 제자 나다나엘의 고향이기도 하다(요 21:2).

유적

① 케프르 케나에는 1881년 프란체스코 교회에서 건축한 '가나 혼인 교회'와 1566년 그리스 정교회가 건립한 '희랍정교 교회' 등이 있다.
② 가나 혼인 교회: 1901년 교회의 전면을 보수했고, 1997년에는 고고학 발굴 작업의 결과 유대교 회당, 그리스도인들의 무덤, 아람어 모자이크 등이 발굴되었다. 교회 지하에는 당시 사용되었을 것으로 추정되는 큰 돌항아리가 전시되어 있다.
③ 희랍정교 교회: 두 개의 큰 돌항아리를 예수의 이적에 사용된 원래의 것이라고 주장하고 있으나, 고대의 세례반(baptismal fonts)으로 보인다.
④ 성 바돌로매 교회: 요한복음에 나오는 나다나엘과 동일인으로 여겨지는 바돌로매를 기념하는 교회이다(요 1:45–51 참조).

Photo

A09_가나_혼인잔치 기념 교회

A09_가나_혼인잔치 기념 교회_돌 항아리

가나_혼인잔치 기념 교회_돌 항아리

찌포리_십자군 성채

유적지 | 갈릴리

찌포리/세포리스 Tzippori/Sepporis

위치

찌포리는 중부 갈릴리 지역에 위치한 도시이며, 오늘날 나사렛에서 북서쪽으로 6㎞ 떨어진 위치에 자리하고 있다.

지명

① 찌포리(Tzippori)는 세포리스(Sepphoris), 디오케사레아(Diocesaraea), 사푸리야(Saffuriya)

등으로 알려져 있다.
② 그리스어 이름으로 '세포리스'(Sepporis)이다.

역사

① 앗수르, 헬라, 유대, 바벨론, 로마, 비잔틴, 이슬람, 십자군, 아랍, 오토만 등 다양한 문화의 영향을 받았다.
② 전승에 의하면, 찌포리는 마리아의 부모인 요아킴과 안나의 고향으로 당시에는 헬라화 된 도시였다.
③ 한때 갈릴리 지역에서 유대인의 종교적, 영적 삶의 중심지였다.
④ 주전 37년 이 도시를 취한 헤롯 대왕이 죽은 주전 4년, 이곳 주민들이 일으킨 폭동이 로마 집권자 바루스(Varus)에 의해 진압되고, 헤롯 안티파스에 의해 다시 이 도시가 복구되었는데, 요세푸스는 이 도시를 가리켜 "온 갈릴리의 영광"으로 부르기도 했던 명성 있는 도시였다.
⑤ 주후 220년 미쉬나에 마지막으로 가필(加筆)했던 유명한 랍비 '유다 하나시'(Judah Hanasi)가 벧산에서 이곳으로 이주할 때 산헤드린(입법뿐 아니라 최고 법정 역할을 한 71명의 임명된 학자들의 모임)도 함께 옮겨왔다.
⑥ 이 도시에 살던 많은 유대인 학자들이 주후 4세기 때 완성되었던 예루살렘 탈무드 저작에 참여하기도 하였다.
⑦ 7세기 이래 제1차 세계대전까지(십자군 시대만 제외하고) 아랍의 지배를 받았다.
⑧ 1949년까지 사푸리야(Saffuriya)라는 아랍 마을로 알려졌다.
⑨ 1949년 이스라엘의 자영 공동농장 찌포리 모샤브(moshav)가 세워졌다.
⑩ 이전의 아랍 마을 지역은 1992년 이래로 이스라엘 국립공원으로 관리되고 있다.
⑪ 현재 인구 616명의 찌포리 모샤브는 이스르엘 골짜기 지역에 소속되어 있다.

성경

성경에 직접적인 언급은 없지만, 예수께서 유년기를 보내셨던 나사렛에서 가까운 곳이고 상업적으로 융성한 도시였기에 아버지를 도와 목수생활을 하던 당시 생활상을 엿볼 수 있는 곳이다.

유적

① 로마 극장, 2개의 초기 기독교 교회, 십자군 성채(18세기 다헤르 엘 오마르에 의해 보수) 등이 남아 있다.
② 40개의 다양한 모자이크가 남아있는데, 그 중 뛰어난 모자이크는 "갈릴리의 모나리자"(Mona Lisa of the Galilee)로 알려진 바닥 모자이크이다.
③ 6세기 유대인 회당이 남아 있다.

Photo

A10_찌포리_갈릴리의_모나리자_모자이크
A10_찌포리_십자군 성채

찌포리_갈릴리의_모나리자_모자이크

나사렛_수태고지 교회_내부

유적지 | 갈릴리

나사렛 Nazareth

위치

① 갈릴리 가버나움에서 남서쪽으로 약 31㎞ 떨어진 지점에 위치한다.

② 지중해와 갈릴리 호수 사이 중간 지점이 되는 하부 갈릴리 도시이다.

③ 고대 문서에서는 언급되는 나사렛의 위치는 두 군데다. 기독교 복음서에 나오는 나사렛은 북부 나사렛이고, 그 보다 앞서 외경에 나오는 나사렛은 남부 나사렛이다.

지명/지리

① 지명 나사렛은 히브리어 '네체르'('가지'라는 뜻)에서 기원했다는 견해와, 히브리어 '나차르'(지켜보다)에서 기원해서 '망대' 또는 '지키는 장소'라는 뜻을 갖는다는 견해가 있다.
② '네체르'(가지)는 구약성경에서 메시아를 가리키는 단어로 사용된다(사 11:1, 이새의 줄기에서 한 싹이 나며 그 뿌리에서 한 가지가 나서 결실할 것이요).
③ '나차르'(지켜보다)에서 기원한 것으로 보는 견해는 나사렛의 초기 마을이 언덕 위에 위치했기 때문에 비롯된 것으로 보인다.
④ 남쪽 방향만 제외하고는 높은 언덕과 산지로 둘러싸여 고립된 지역의 분지에 해당한다.

역사

① 주후 2-3세기에 나사렛에 유대 기독교 공동체가 있었다는 것을 보여주는 일부 증거가 있다. 율리우스 아프리카누스(Julius Africanus, 주후 160-240)의 기록에 따르면 나사렛은 유대 기독교 선교사들의 활동 중심지였다.
② 326년 콘스탄티누스 황제가 어머니 헬레나의 부탁으로 마리아의 집터에 교회를 세웠다.
③ 7세기에는 회교도가, 11세기에는 십자군이 점령한 바 있다.
④ 12세기에 수태고지 교회가 세워졌다.
⑤ 라틴 왕국이 망한 뒤에는 점차 나사렛으로의 순례가 어려워지게 되었다.
⑥ 그 후 오스만 터키의 지배를 받다가 1620년에 프란체스코 수도사들이 수태고지 교회를 다시 되찾게 되었다.
⑦ 현재의 수태고지 건물은 1969년에 새로 지은 것이다.

성경

① 구약이나 탈무드에서는 언급되지 않은 무명의 동네이다.
② 예수의 가족이 애굽 피신 전후로 머물렀던 곳(눅 1:26; 2:4-5; 마 2:23)이며 예수께서 유년 시절을 보내신 곳이다(눅 2:39, 51).
③ 예수의 고향이며(마 13:54; 눅 4:16) 그의 가족 친척들이 살던 곳이다(마 13:55-56).
④ 예수의 아버지 요셉의 시대에는 세포리스 도시를 건축하기 위해 각종 기술자의 수요가 많았을 것이다. 나사렛은 세포리스로부터 6㎞ 떨어진 곳에 위치한다.
⑤ 예수께서 공생애를 시작하는 설교를 하셨으나, 배척당하신 곳이다(막 6:1-6; 눅 4:16-30).
⑥ 선지자 전통에서는 나사렛이 언급되지 않는다(요 1:46, 나다나엘이 이르되 나사렛에서 무슨 선한 것이 날 수 있느냐 빌립이 이르되 와서 보라 하니라).
⑦ 예수께서 안식일에 이곳 회당에서 가르치셨다(막 6:1-6).

유적

① 수태고지 교회(The Church of Annunciation): 중동 지방에서 가장 큰 로마 가톨릭 성당이다. 로마 가톨릭 전통에 따르면 이 교회 자리가 바로 가브리엘 천사가 마리아에게 수태고지를 한 곳이다. 그 교회 안에 있는 고고학적 발굴을 그대로 보존하고 있는 방식으로 설계가 되었다. 이 교회 아래에는 5세기 비잔틴 시대의 유적이 보존되어 있다. 방문객들은 짧은 바지나 민소매 옷 착용을 피해야 한다. '성 요셉 교회', '가브리엘 교회', '회당 교회' 등이 있다.
② 가브리엘 교회(The Church of St. Gabriel): 동방정교회의 전통에 따르면, 가브리엘 교회 위치가 가브리엘 천사가 마리아에게 수태고지를 한 장소이다.

③ 성 요셉 교회(The Church of St. Joseph): 1914년에 건축되었으며, 이 교회 안에 있는 동굴은 17세기부터 요셉의 작업장으로 알려져 있다.

④ 회당 교회(The Synagogue Church): 누가복음 4장에서 예수가 설교한 그 회당 자리에 세운 교회며, 멜카이트 희랍 가톨릭 교회(Melkite Greek Catholic Church) 소속이다.

⑤ 나사렛 박물관: 십자군 전쟁과 관련된 조각 작품들이 많이 전시되어 있다. 도마, 베드로, 야고보, 마태에 관한 성경 안의 사건들을 묘사한 작품들이 있으며 예약제로만 운영된다.

Photo

A11_나사렛_수태고지 교회_내부
A11_나사렛_수태고지교회_측경

나사렛_수태고지교회_측경

벧산_로마시대_직가

유적지 | 갈릴리

벧산 Beth She'an

위치

6천 년 전부터 사람이 거주하면서 '이스르엘 골짜기'(Jezeel Valley)와 '요단 골짜기'(Jordan River Valley)의 교차점에 위치해 있는 전략적 요충지였던 고대 도시이자 신약 시대 데가볼리(Decapolis)의 중심 도시였던 '벧산'은 현재 갈릴리 해변의 중심 도시 티베리아스(Tiberias)에서 남쪽으로 약 32㎞ 정도 떨어져 요단 강 가까이에 위치해 있는 역사적인 도시로, 요단 강 건너편의 펠라(Pella)와 약간

비껴 마주보면서 이스라엘 북쪽 지역에 있는 '국경도시'이다.

지명

① 현재 한글 개역 성경에서 이 지명은 세 가지로 표기되어 있다. 동일한 곳임에도 불구하고 이곳은 '벧 스안'(Beth Shean, 수 17:11, 17), '벧스안'(Beth Shean, 삿 1:27), '벧산'(Beth Shan, 삼상 31:10)으로 다양하게 묘사되어 있다. 원래 히브리어 발음을 고려하여 옮긴다면, '벧샨'이 적절할 것이다. '스안'(Shean)이 '염려가 없다', '쉬다'를 의미한다면, 이 지명은 '안식의 집'이라는 뜻이다.

② 아랍어로는 '베이산'(Beisan)이나 '비산'(Bisan)으로 불린다.

③ 벧산 유적지 언덕은 '성의 언덕'(castle hill)을 의미하는 '텔 엘-후슨'(Tell el-Husn)으로 불린다.

④ 고대에 이곳은 주변의 샘으로부터 흘러나오는 물이 많고 토양이 비옥한 농경지였으며, 이스르엘과 요단 골짜기를 잇는 교통 요충지로서 번영과 전략적 입지를 갖춘 성읍이었다.

⑤ 현재 이스라엘에서 로마와 비잔틴 시대의 유적이 가장 잘 보존된 국립공원이 이곳에 있다.

역사

벧산 유적지에 있는 80m 높이의 언덕(tel)은 20개 지층에 담긴 도시의 역사를 담고 있다.

① 적어도 6천 년 전, 이곳에 사람들이 정착하여 거주하기 시작하였다.

② 초기 가나안 시대(주전 2000-1600년) 거주했던 사람들의 무덤이 발굴되었다.

③ 후기 가나안 시대(주전 16-12세기, 이집트 제18-20왕조)에 이집트가 이곳을 관할하였는데, 주전 15세기 이집트 파라오 투트모세(Thutmose) III세의 벧산 정복 기록은 이집트 테베(룩소)의 카르낙 신전에서 발견할 수 있다. 벧산의 이집트 신전 근처에서 사

자와 개가 새겨진 상형문자 비석이 발견되었고, 이 도시를 이집트 변방의 중요한 군사 요새로 삼았던 세티(Seti) I세('하비루'의 명칭이 나타남)와 라암셋(Rameses) II세의 현무암 비석도 발견되었다. 그러나 이집트는 '해양 민족'의 침입으로 말미암아 지중해 동부 지역에서 통제권을 잃게 되고, 주전 1150년경 화재로 도시가 소실되자, 이곳을 더 이상 군사적 요새로 삼지 않았다.

④ 주전 1100년경 가나안 시대 벧산은 블레셋 사람의 수중에 있었다.

⑤ 주전 1004년 길보아 산에서 블레셋 군대와 싸운 사울 군대는 패하고 말았다(삼상 31장).

⑥ 그러나 다윗에 의해 블레셋은 이곳에서 쫓겨나 해안 지역으로 옮겨갔다. 다윗을 이은 솔로몬은 이스라엘 전체 영토를 열두 행정 지역으로 나누고 지방장관을 두었는데, 벧산은 므깃도, 다아낙과 함께 북 이스라엘 지역의 중요한 성읍이었다(왕상 4:12).

⑦ 주전 732년 앗수르의 디글랏 빌레셀(Tiglat-Pilesser) III세에 의해 이 도시는 정복되어 불에 타고 파괴되었다.

⑧ 헬라 시대 벧산은 새로운 헬라어 지명 '스키토폴리스'(Scythopolis)으로 재건되었다. 이는 퇴역군인으로 이곳에 정착한 스구디아(Scythia) 출신의 상인들에게서 유래된 지명으로 추정한다. 유적 언덕 위에서 헬라 시대 신전이 발견되었다.

⑨ 얼마 후 안티오쿠스(Antiochus) IV세는 이 도시를 그리스 신화에 나오는 주신(酒神) 디오니소스와 그 보모(保姆) 니사를 기려 '니사-스키토폴리스'로 불렀다.

⑩ 요세푸스의 『고대사기』(XIII.280)에 의하면, 주전 107년 요한 힐카누스의 아들들에 의해 정복되어 하스모니아 가(家)의 통치를 받았다.

⑪ 주전 63년 로마 장군 폼페이는 유다가 로마 제국에 병합하고, 벧산을 데가볼리의 한 도시로 만들어, 북 이스라엘에서 가장 중요한 도시가 되게 하였다.

⑫ 주후 66년 유대 전쟁 이후 이방인, 유대인, 사마리아인이 함께 공존하며 살았으며, 로마 6군단이 주둔할 2세기 때 도시가 크게

확장되었다.

⑬ 비잔틴 시대에 3-4만 명까지 이른 주민 대부분이 기독교인이었고, 여러 교회와 수도원을 세웠는데, 소수의 유대인들에 의해 세워진 회당도 발굴되었다.

⑭ 5세기 초에 지방 장관과 법정이 있는 '팔레스티나 세쿤다'(Palestina Secunda, '제2의 팔레스타인')로 불리는 주의 수도였다.

⑮ 주후 634년 무슬림 군대가 점령한 후로, 도시는 이전의 셈어 지명인 '바이산'(Baysan)으로 다시 바뀌었다. 그 후 도시는 점점 쇠퇴하였으며 인구도 급격하게 줄었다.

⑯ 주후 749년 골란(Golan) 지역에 일어난 심각한 지진으로 인하여 도시는 완전히 파괴되었다.

⑰ 그 후 이슬람 압바시드(Abbasid) 시기(주후 750-969년)에는 부분적으로 정착민들이 있었으나, 도시는 이전의 영광을 회복하지 못하였다.

⑱ 십자군이 도시 남쪽에 요새를 세웠으나, 도시는 예전의 번영을 되찾을 수 없었다.

⑲ 오토만(Ottoman) 시대에 '베이산'은 소수의 거주민이 정착하는 마을이었는데, 19세기 초에는 기껏해야 200명의 주민이 살았다.

⑳ 현대 이스라엘에서 이 도시는 요르단과 경계에서 북쪽 국경도시이다. 2002년 제2차 민중봉기(Intifada) 때, 두 팔레스타인인의 총격과 수류탄 공격으로 이스라엘인 여섯 명이 사망하고 여러 명이 부상당하기도 하였다.

성경

① '벧산'은 로마 통치시기에 중요한 데가볼리의 수도였지만, 신약성경에는 나타나지 않는다.

② 구약성경에서 '벧산'은 여호수아에 의한 가나안 정복 기사에서 처음으로 등장한다. 잇사갈 지파가 받은 땅이지만 므낫세 자손은 여호수아로부터 이블르암, 돌, 엔돌, 다아낙, 므깃도와 함께 이곳을 분배받았다(수 17:11).

③ 그러나 므낫세 지파가 받은 골짜기 땅에 거주하는 이 지역에는 철병거를 가진 가나안 사람들이 여전히 거주하고 있어(수 17:16-17), 므낫세 자손들은 이들을 쫓아내지 못하였다(삿 1:27; 대상 7:29).
④ 사울 시대에 이곳은 블레셋이 장악하고 있었는데, 블레셋과의 전투에서 사울은 세 아들과 함께 패전하여 목 베임을 당하고 그의 시체가 그 아들들의 시체와 함께 벧산 성벽에 못 박혔다(삼상 31:10).
⑤ 다윗은 사울과 그 아들의 시체를 거뒀던 길르앗 야베스 사람에게서 그 뼈를 가져다가 사울의 부친 기스의 묘에 장사지냈다(삼하 21:12-14).
⑥ 벧산은 솔로몬의 열두 지방행정구역 중 다아낙, 므깃도, 욕느암과 함께 바아나가 관할하던 구역에 속한 성읍이었다(왕상 4:21).
⑦ 그레코-로마 시대에 이 도시는 '니사-스키토폴리스'(Nysa-Scythopolis)로 불렸으나, 신약성경에는 이 지명으로 나타나지 않는다.

유적

① 국립공원 입구에서 들어서자마자 오른 편에 주후 1세기에 지어지고 2세기 때 보수되어 비잔틴 시대에도 계속 사용되었던 7천석 규모의 극장이 있다.
② 극장 맞은편에 바닥에는 모자이크와 대리석 판이 깔리고 아래에는 '바닥 난방 시스템'(hypocaust)을 갖춘 열탕과 온탕, 수영장, 체련장(palestra)이 구비되어 있는 비잔틴 시대의 서쪽 목욕장 유적이 있는데, 건축 재원을 공급한 지방 통치자의 봉헌을 알리는 그리스어 비문이 발견되었다.
③ 로마 시대에 세워지고 비잔틴 시대에 보수된 150m 길이의 열주대로가 있는데, 이는 기념 '전문'(前門)에서 시작되었다. 4세기 당시 봉헌 비문에 새겨진 이곳 통치자의 이름을 따서 '팔라디우스 대로'(Palladius Street)로 부르는데, 대로 양편에 2층 구조의 상

점들이 줄지어 있었다.

④ 팔라디우스 대로 서쪽 중간에 로마 시대 음악당(odeon) 일부 유적 위에 세워진 비잔틴 시대의 반원형 쇼핑센터(Sigma)가 나타나는데, 상점 바닥에는 아름다운 모자이크가 새겨져 있었다. 한 상점 바닥에서 이 도시의 수호여신 튀케(Tyche)가 새겨진 모자이크가 발견되었다. 이는 현재 이스라엘 박물관에 전시되어 있다.

⑤ 그 맞은편에 비잔틴 시대 상업시장인 아고라(agora)가 있다.

⑥ 열주대로는 서쪽으로 북서편 성문으로 향하는 북편대로로 이어지고, 동쪽으로 '실바누스'(Silvanus) 대로와 연결된다.

⑦ 팔라디우스 대로가 끝나는 지점에 '전문'(Propylaeum), 2세기 로마 시대 때 지어진 '디오니소스'(Dionysos) 신전과 분수전(Nymphaeum)이 세워져 있었는데, 749년 대지진으로 크게 무너졌다.

⑧ 신석기 이후 중세 시대에 이르기까지 약 20개 다른 시대를 담고 있는 지층을 지니고 있는 유적 언덕('텔 벧산' 또는 '텔 엘-후슨')이 나타난다.

⑨ 텔 오른편에 북쪽으로 난 대로가 이어진다. 이는 '아말 골짜기'(Nahal Amal)를 따라 가기에 '골짜기대로'로 불리며, 하롯(Harod) 시내를 건너는 '세 아치 형태의 다리'를 지나 북동편 성문과 만나게 된다.

⑩ 비잔틴 아고라 동편으로 테트라필론(Tetrapylon)과 로마 시대에 세워지고 비잔틴 시대에 보수하여 사용한 동편 대중 목욕장 유적이 나타난다.

⑪ 동편 목욕장과 극장 사이에 1-2세기 때 세워진 성소 복합 건축물 유적이 있다.

⑫ 현재 국립공원 밖에 있는 중요한 유적으로는, 국립공원 남쪽으로 2세기에 건설된 '마차경주장'(hippodrome)이 있는데, 이는 4세기 때 6천 석 규모의 '투기장'(amphitheater)으로 바뀌었고, 5세기 경 더 이상 투기장(arena)으로 사용될 수 없어 거주지에 편입되었다.

⑬ 국립공원 밖에 있는 다른 유적으로는, 투기장 동편에 십자군 요새와 이슬람 모스크가 있고, 국립공원 북편에는 비잔틴 시대의

'카이레이 마리아(지방 관료 부인) 교회'(Kairei Maria Church), '안드레아스 교회'(Andrea Church), '순교자 교회'(Martyr's Church) 유적이 있다.

Photo

A12_벧산_로마시대_직가
A12_벧산_전경

벧산_전경

악고(돌레마이)_항구_십자군 성채

유적지 | 갈멜 산 주변

악고(돌레마이) Akko(Ptolemais)

위치

악고는 동쪽 해안가에 있는 항구 도시로서, 갈멜 산이 있는 곳에서 북쪽으로 올라가면 있다. 위도 상으로는 갈릴리 호수 북쪽과 거의 같은 지점이다. 악고의 가장 오래된 도시는 텔 엘-푸카르(Tel el-Fukhar)며 85번 도로의 기차길 동쪽에 있다. 해안길(the Way of the Sea)과 만나는 지점에 있고 시리아로 가는 교역로 상에 있었기 때문에 고대에는 중요한 도시였다. 악고에 가려면 4번 도로로 가다가 85번으로 갈라지는 곳에서 85번으로 갈아타고 서쪽으로 가면 표지판이 나온다.

지명

① 악고는 중세시대의 십자군 전쟁 이야기를 통해 잘 알려져 중세 도시로 여겨지지만 주전 1800년경의 이집트의 저주문서에 이미 등장하는 고대 도시이다.
② 군사적 상업적으로 중요한 위치에 있었기 때문에 주전 4세기에 이미 두로와 시돈이 누렸던 것과 같은 번영을 누렸다.
③ 알렉산더가 332년에 방문한 이후 도시는 더욱 헬라적인 특색을 갖게 되었다.
④ 알렉산더의 사후 악고는 이집트의 프톨레미의 지배를 받았으며, 돌레마이(Ptolemais)로 개명하여 주후 636년에 아랍인들의 정복을 당할 때까지 그 이름을 사용하였다.

역사

① 헤롯 대왕이 주전 10년에 가이사랴를 건설함에 따라 악고의 중요성은 감소하기 시작했다.
② 아랍인들이 주후 636년에 악고를 점령한 뒤에는 가이사랴 항구가 진흙으로 메워졌기 때문에 다시 악고가 팔레스타인에서 가장 중요한 항구가 되었다.
③ 중세시대에 악고는 지중해의 패권을 누가 차지하느냐에 따라 운명이 바뀌었다. 십자군 전쟁 기간에는 성전기사단, 병원기사단 등이 이 도시의 지역을 차지하고 있었다.
④ 1187년에 악고는 살라딘에게 전투 없이 항복하였다. 후에 십자군이 다시 이 도시를 차지해 라틴왕국이 100년 동안 장악하고 있었다. 이 때 성벽을 더 강화하기 위해 새로 외벽이 건설되었다.
⑤ 1291년의 주변 국가들 사이에 악고를 둘러싼 2개월 간의 공성전으로 악고의 주민들 3-4만 명의 상당수가 구부로로 피난가고 도

시는 전쟁의 결과 폐허가 되어 450년간 남아 있었다.
⑥ 18세기에 아랍의 토후가 도시를 재건하여 오늘에 이르고 있다.

성경

① 쫓아내지 못한 가나안 족속 중 하나로 언급되고 있다(삿 1:31, "아셀이 악고 주민과 시돈 주민과 알랍과 악십과 헬바와 아빅과 르홉 주민을 쫓아내지 못하고").
② 사도 바울이 마지막으로 예루살렘으로 가는 길에 두로에서 돌레마이에 도착한다(행 21:7). 돌레마이에서 그는 "형제들에게 안부를 묻고 그들과 함께 하루를" 머물렀다.

유적

① 피산 지역(Pisan Quarter)에 있는 건물들은 모두 십자군 전쟁 시절에 세운 것들이다.
② 바다 성문(Sea Gate)와 성문에 연결된 성벽은 중세에 세워졌다.
③ 칸 엘움단(Khan el-Umdan)은 오늘날로 말하자면 호텔에 해당하는 숙소 건물이며 1785년에 알 자자르(al-Jazzar)가 세웠다.
④ 칸 엣슈나(Khan esh-Shuna)는 피사의 상인들이 머물면서 상품을 보관하던 곳이다.
⑤ 템플러 지역(Templar Quarter)는 요새화된 성문이 있고, 중세 광장(medieval square)을 지나면 제노아 지역(Genoese Quarter)가 나온다. 제노아 지역는 가장 크고 오래된(1104년) 상인들의 자치 공동체(commune)이었다.
⑥ 엘 자자르 모스크(el-Jazzar Mosque)는 아흐메드 파샤(Ahmed Pasha)가 1781년에 세웠다. 그의 무덤이 모스크 오른 쪽에 있다.
⑦ 모스크 왼쪽으로 지하 저수조로 들어가는 입구가 있다. 도시의 이 부분은 십자군 전쟁 이후 5-7m 더 높아졌다. 저수조는 아마도 중세시대에 이곳에 있던 성 요한 교회(Church of St John)을 엘 자자르(el-Jazzar)가 저수조로 바꾼 것으로 보인다.

⑧ 성채(Citadel)의 첫 번째 정원에 서 있는 건물들은 모두 18세기의 것들이다.
⑨ 성채 안의 가장 높은 탑이 있는 곳이 바로 성 요한 병원 기사들의 요새(fortress of the Knights of the Hospital of St John)가 있던 곳이다.
⑩ 기사단의 식당(refectory) 아래 쪽으로 지하 통로(underground passage)가 있다. 이 통로는 십자군 전쟁 당시 식당 공사를 하던 중 발견한 비밀 통로였는데 십자군은 이 통로를 잘 보존하였다. 원래는 하수도였을 것으로 보인다.
⑪ 병원 건물은 병원 기사단이 지은 것이며 병원 옆 양쪽에는 터키 목욕탕(Turkish bath)과 대(大) 사원(great Mosque)이 있다.

Photo

A13_악고(돌레마이)_항구
A13_악고(돌레마이)_항구_십자군 성채
A13_악고항구

악고(돌레마이)_항구

악고 항구

므깃도 유적

유적지 | 갈멜 산 주변

므깃도 Megiddo

 위치

이스르엘 계곡의 서남쪽, 예루살렘에서 120㎞ 북쪽 지점에 위치해 있는 평지보다 약 50m 높은 언덕에 위치한다. 이스르엘 계곡과 서남쪽으로 내려가는 에스드렐론 계곡의 연결점이자, '국제해안도로'가 지나가는 길목에 위치한 '텔 므깃도'(Tel Meggiddo)는 옛날부터 북쪽의 시리아 지방과 남쪽의 이집트를 왕래하는 통로였다.

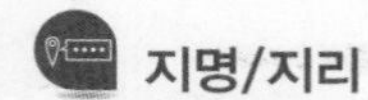

지명/지리

① 계시록 16장 16절에 '아마겟돈'이란 이름으로 마지막 날의 전쟁터로 예시되는데, 아마겟돈이라는 이름은 히브리어로 '하르 므깃도,' 즉 '므깃도 언덕'이라는 뜻에서 유래한 것이다.

② 지리적으로 군사적 교통 요충지 요건을 갖추고 있기에, 예로부터 북쪽의 앗수르, 바벨론, 페르시아 등의 강대국과 남쪽의 이집트가 조우(遭遇)하곤 했던 중요한 전쟁터였다.

역사

① 다윗 왕 때 점령하여 솔로몬 시대에 병거성을 건축한 곳이다(주전 965-930년).

② 솔로몬 왕 때 지은 이 성은 애굽의 바로 시삭에 의해 주전 923년경 파괴되었다.

③ 북왕국 오므리 왕과 아합 왕이 재건축하였으나 주전 721년경에 앗수르에 의해 파괴되었다.

④ 1799년에 나폴레옹 군이 주둔하였고, 1918년에 영국 군대가 알렌비 장군의 지휘 아래 터키 군과 마지막 싸운 곳이며, 1948년에 이스라엘의 독립전쟁 때 이스라엘이 아랍 군과 싸워 승리를 거둔 곳이다.

성경

① 솔로몬이 건축한 게셀, 하솔과 성문 구조(길이 21m, 폭 17m)가 같다(왕상 9:15).

⑦ 유다 왕 아하시야가 예후에 의해 죽임 당하고(왕하 9:27), 유다 왕 요시야가 앗수르 왕을 치고자 북진하는 애굽의 바로 느고에 의해 죽임을 당한 곳이다(왕하 23:29).

TIP

텔 Tell, Tel

① 이집트의 텔: 나일강 범람 예방을 위해 벽돌로 쌓은 인공 언덕
② 이스라엘의 텔: 고대에 도시의 폐망과 재건이 반복됨으로써 형성된 인공 언덕
③ 구약성경 관련구절: 무더기(수 8:28), 산(수 11:13), 델멜라와 델하르사(스 2:39)

유적

① 박물관에 솔로몬에서 아합 시대까지의 므깃도 모형이 있다.
② 언덕에 '솔로몬 당시 성문', 주전 2500년경 다듬지 않은 작은 돌들로 둥글게 쌓여 있는 '가나안 시대 제단'(출 20:25), '솔로몬 당시 성문과 궁전터', 깊이가 약 7m 되는 주전 8세기의 '곡물 저장소', '솔로몬의 마구간', '수로'(밑으로 25m 내려가서 지하 수평 터널을 통해 약 70m 정도 성 밖으로 나가 지하에 있는 물 근원에 도착하게 되어 있음) 등의 유적이 있다.
③ 이스라엘 왕 여로보암의 이름이 새겨진 사자(獅子) 인장이 발견되었다.

Photo

A14_므깃도_아합시대 수로
A14_므깃도 유적

므깃도_아합시대 수로

가이사랴_도수로

유적지 | 해안 평야

가이사랴 Caesarea martima

위치

갈멜 산 남쪽 36.8㎞, 예루살렘 북서쪽으로 약 104㎞ 지점의 지중해 해안에 위치하고 있으며, 두로와 애굽을 잇는 대상로 길목에 위치한 상업 중심지이자 해상 무역 중심지였다.

지명/지리

① 헤롯이 로마 황제를 존경한다는 뜻에서 이 도

시를 가이사랴(Caesarea)로 명명했다.

② 로마 황제 아우구스투스가 헤롯에게 선사한 도시로 헤롯이 로마의 군사적 교두보로 10년 동안 건설했다.

③ 헤롯 가문의 왕들과 로마의 지방 총독들의 관저가 있었다.

역사

① 페니키아 사람들이 스트라톤(Straton) 망대라고 부른 작은 항구 도시를 건설하였을 때 헬라 시대(주전 4세기)에 처음 정착했다.

② 주전 90년 알렉산더 얀네우스(Alexander Jannaeus)는 조선 산업을 발전시키는 방책의 일환으로 스트라톤 망대를 빼앗아 하스모니아 왕가를 확대했다.

③ 스트라톤 망대는 로마인이 이를 자치 도시로 선언한 주전 63년 로마 정복 때까지 두 세대 동안 유대인의 한 성읍으로 남아 있었다.

④ 이 도시는 다른 어떤 시기보다 이를 가이사랴(Caesarea)로 다시 명명했던 헤롯 때 많은 변화를 겪었다. 주전 22년 헤롯은 바다 항구를 건설하기 시작하고 저장소, 시장, 넓은 도로, 목욕탕, 신전, 사치스러운 공공건물 등을 건설했다. 매 5년마다 이 도시는 주요 스포츠 경기, 검투 경기, 연극을 주최하기도 했다.

⑤ 비잔틴 시기에 번영하였고, 동시에 넓은 이 도시의 남쪽 땅은 농토로 사용되었다.

⑥ 초기 아랍 시대 동안에도 계속 농사를 지었고 11세기 십자군 정복 때까지도 농사를 지었다. 시간이 지나면서 이 땅은 지중해 해변에 부는 바람에 실린 모래 아래 덮이게 되었다.

⑦ 십자군은 1차 십자군전쟁 때 가이사랴를 점령했다. 고프리(Godfrey of Bouillon)는 저항하여 흩어진 주민들에게 무거운 세금을 부과했다. 이에 대하여 볼드윈(Baldwin) I세는 1101년에 이 도시를 약탈하고 주민들을 도륙했다.

⑧ 1251년 프랑스 루이 9세가 이 도시를 요새화했다. 그는 높은 성벽(일부가 아직 남아 있음)과 깊은 해자 건설을 명했다. 성벽이 견

고하였지만 그들은 명석한 계략을 세운 술탄 바이바르(Baybars)를 막을 수가 없었다.

⑨ 이후 19세기까지 폐허로 존재하였다. 서 캐시언 족들이 이 땅을 취하려고 하였으나 실패한 후 보스니아인의 정착촌이 폐허 가운데 세워지게 되었다.

⑩ 1948년 독립전쟁 동안 버려져 있었다(당시 몇 집과 일부 모스크는 남아있다).

성경

① 회심 후 바울이 유대인을 피해서 이곳을 통해 다소로 갔다(행 9:30).

② 백부장 고넬료가 베드로에 의해 개종한 곳이기도 하다(행 10:1, 24; 11:11).

③ 바울이 2차, 3차 선교여행에서 돌아올 때 들른 곳이다(행 18:22; 21:8).

④ 바울이 예루살렘 방문을 결심한 곳이다(행 21:13).

⑤ 바울이 2년간 옥살이한 곳이다(행 23:23-26:32).

유적

① 비잔틴 시기의 거리는 십자군 성읍 입구 동편에 있으며, 그 주변에 위성류 나무(tamarisk)가 있다.

② 헤롯 시대에는 세상에서 가장 현대적인 항구 중 하나로 여겨졌다.

③ 시간이 흐르면서 항구는 해수면 5m 아래 깊이로 침하하였다.

④ 항구 뒤에 헤롯은 아치형 저장고를 건설하였는데, 이는 아주 잘 보존되어 있다.

⑤ 저장고 건물 위로 아우구스투스 가이사와 로마 신전이 있었다.

⑥ 거의 원래대로 보존되어 있는 십자군 성벽과 이스라엘에서 가장 오래된 극장이 있다.

⑦ 3,500석 대부분은 재건되었고 현재 여름철에 공연장으로 활용된다.
⑧ 발견된 유물은 키부츠 스돗 얌(Kibbutz Sdot Yam) 근처의 고고학 박물관에 전시되고 있다.

Photo

A15_가이사랴_도수로
A15_가이사랴_마차경주장

가이사랴_마차경주장

욥바 베드로 환상 기념 교회

유적지 | 해안 평야

욥바 Joppa

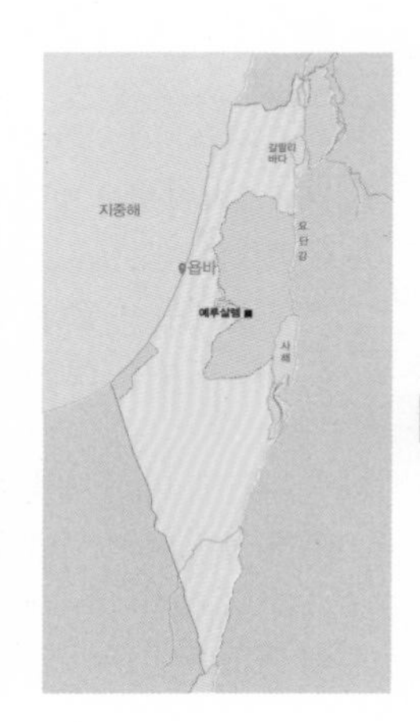

위치

'욥바'는 예루살렘에서 서북쪽으로 약 56㎞ 떨어져 있는 지중해 해안에 있는 항구도시였다. 이 도시는 1950년 8월 19일 이후 1909년 건설된 '텔아비브'와 '텔아비브-야포'(Tel Aviv-Yafo) 또는 '텔아비브-야파'(Tel Aviv-Jaffa)라는 새 이름으로 통합하였다. '욥바'(야파)는 통합된 '텔아비브-야포'에서는 가장 오래된 고대 도시였다.

지명

① 성경상의 지명 '욥바'는 지금의 명칭으로는 '야파'(Jaffa)인데, 히브리어로는 '야포'(Yafo)이다. 그리스어로는 '이옵페'(Ioppē)였는데, 그리스 신화에 의하면, 바람의 신 '아에올루스'(Aeolus)의 딸 '이옵페'(Ioppē)에서 유래된 명칭으로 전해진다.
② 아랍어로는 '야포'(Japho)라고 부르며, 그리스어 명칭을 음역(音譯)하여 '욥바'(Joppa)라고 부르기도 한다.
③ '욥바'와 통합된 '텔아비브'는 현재 이스라엘의 문화생활에서 중심지가 되면서 동시에 상업과 금융의 중심지다.
④ 고대에는 주전 1세기말 '가이사랴'(Caesarea)가 건설되기 이전, 악고(신약 당시에는 돌레마이)와 이집트 사이 팔레스타인 해안에 있는 유일한 항구였다.
⑤ 고대 항구는 천연 방파제에 의해 둘러싸여 있던 자연 항구였다.
⑥ 팔레스타인 남부 해안평야에 있는 '블레셋 평야'의 북부에 위치해 있던 성읍이었다.

역사

① 석기 시대 말 주전 5000년 경부터 사람들이 정착하기 시작하였다.
② 욥바는 주전 1468년 이집트 파라오 투트모세(Thutmose) III세가 팔레스타인에서 정복한 도시 목록에서 처음으로 등장한다.
③ 아마르나(Amarna) 서신에 의하면, 주전 14세기에 욥바는 이집트의 통제를 받았다.
④ 그러다가 주전 1200년경 이 도시는 블레셋 사람의 수중에 있게 된다.
⑤ 솔로몬 때 이 도시를 이스라엘에게 빼앗겼던 블레셋 인들이 솔로몬의 사후 다시 이를 점령하였다.
⑥ 유다 왕 웃시야(주전 783-742년 재위) 때 이곳은 유다의 통제 아래 있었다.

⑦ 유다 왕 히스기야(주전 715-687년 재위)는 주전 705년 앗수르의 사르곤 II세가 죽은 것을 유다 부흥의 기회로 삼고자 하였으나, 이로 인해 701년 앗수르의 산헤립의 침공을 받아야만 했다. 산헤립의 전승(戰勝) 기록에 의하면, 이때 욥바도 벧다곤, 베네-바락, 아솔 등의 도시와 함께 앗수르에 함락되었다.
⑧ 앗수르의 몰락 후 욥바는 이집트, 바벨론, 페르시아, 시돈에게 차례로 점령당하였다.
⑨ 이 도시는 동방원정에 나선 마게도냐의 알렉산더 대왕에 의해 주전 332-331년 그리스 식민도시가 되었다.
⑩ 알렉산더 사후, 욥바는 이집트 프톨레미 왕조의 통치 아래 있었다.
⑪ 주전 3세기 말 이 항구도시는 수리아 안티오쿠스 III세(주전 223-187년)의 통치를 받았다.
⑫ 주전 2세기 마카비 혁명 이후로 이 도시는 급격하게 몰락하게 되었고, '시몬(Simon) 마카비'에 의해 유대에 병합되었다.
⑬ 주전 63년 이 도시는 잠깐 독립 시기를 가졌으나, 주전 47년 '율리우스 시저'(Julius Caesar)에 의해 다시 유대의 통제를 받았다.
⑭ 헤롯 대왕(주전 37-4년 재위)이 가이사랴에 새로운 항구도시를 건설함으로써 이 도시는 항구로서 그 중요성을 잃고 말았다.
⑮ 주후 390년 제롬이 유세비우스의 『지명록』을 라틴어로 번역하면서, 욥바를 '성읍'에서 '마을'로 바꾸었다. 또 그는 주후 19년경 로마의 지리학자 스트라보(Strabo)가 언급했던 이 항구가 둘러싸고 있는 바위를 마지막으로 기록으로 남겼다.
⑯ 주후 636년 아랍인에 점령되었다.
⑰ 이 도시는 1099년 십자군이 점령한 이후로 요새화되었다.
⑱ 1187년 이 도시를 정복한 살라딘(Saladin)과 십자군 왕 리차드(Richard)가 1191년 알숲(Arsuf)에서 싸운 후, 1192년 3년간 휴전하는 욥바 협정을 체결하였다.
⑲ 주후 1268년 맘룩(Mamluk) 술탄 바이바르(Baybars)는 욥바를 정복하여 이 도시의 석재와 목재를 카이로로 가져갔다. 이로써

비잔틴 시대 이후의 유적이 상당히 파괴되었다.

⑳ 1515년 이후로 오토만(Ottoman) 제국의 술탄 셀림(Selim) I세에 의해 정복된 후 오스만 통치를 받다가, 1799년 나폴레옹에게 점령되었으며, 1839년경부터 이곳에 유대인들이 재정착했다.

성경

① 여호수아의 가나안 정복 당시 단 자손의 지파가 분배받은 곳이다(수 19:46).

② 이곳의 항구는 솔로몬 왕이 성전을 건축하기 위해 재목으로 쓸 레바논의 백향목을 들여오던 곳이었다(대하 2:16).

③ 스룹바벨이 포로 귀환 후 세웠던 두 번째 성전 건축에 사용되는 백향목을 레바논으로부터 이곳 항구를 통해 운송하게 하였다(스 3:7).

④ 구약의 예언자 요나가 '니느웨로 가라'는 하나님의 부르심을 받았으나, 다시스로 가는 배를 탔던 항구도시다(욘 1:3).

⑤ 베드로는 이곳에서 죽은 여제자 다비다(도르가)를 살렸으며, 이 일로 이 도시의 많은 사람들이 주님을 믿었다(행 9:36-42).

⑥ 베드로 사도가 이곳에 사는 무두장이 시몬의 집에 머물러 있을 때, 가이사랴의 백부장 고넬료 전도를 위한 환상을 보았다(행 10:1-48).

유적

유적으로는 '고대 이집트 성문', '안드로메다 바위', '무두장이 시몬의 집', '베드로 환상 기념교회', '천사장 미카엘 수도원' 등이 남아있다.

① '욥바 언덕'(Jaffa Hill)에서 고고학 유물이 많이 발굴되었는데, 그중에 약 3500년 전에 세워진 것으로 추정되는 '이집트 성문'도 있다.

② 고대 항구에 그리스 신화에서 아름다운 안드로메다(Andromeda)

가 사슬에 묶어 있던 바위로 알려진 '안드로메다 바위'를 볼 수 있다.

③ '욥바 박물관'은 십자군 요새의 유적이 남아있는 곳에 오토만 시대(18세기) 때 지어진 건물 안에 위치해 있다.

④ 욥바 언덕 근처에는 19세기 십자군 성채 유적 위에 세워진 '성 베드로 교회'(St. Peter's Church)가 있는데, 이는 로마 가톨릭 프란치스코 수도회가 건축한 바실리카이다. 이곳에 나폴레옹이 머물렀다고 전해진다.

⑤ 욥바 항구 근처에 그리스 정교회 소속의 '천사장 미카엘 수도원'(Monastery of Archangel Michael)이 있다.

⑥ 1894년 이 근처 지하에 '다비다의 무덤'이 있었다고 믿는, 러시아 정교회에 의해 세워진 '성 베드로와 성 다비다 교회'(Church of St. Peter and St. Tabitha)가 있다.

⑦ '욥바 언덕'에서 바다 쪽으로 골목을 따라 들어가면, 베드로가 머물렀던 곳으로 알려진 '무두장이 시몬의 집'이 있다. 이곳은 사유지여서 소유주의 허락 없이 방문할 수 없다.

Photo

A16_고대 욥바 항구_큰 물고기상 분수
A16_욥바 베드로 환상 기념 교회

고대 욥바 항구_큰 물고기상 분수

아스돗_텔모르_가나안시대 유적

유적지 | 해안 평야

아스돗 Ashdod

위치

아스돗은 이스라엘에서 현재 다섯 번째로 큰 도시이며 텔아비브에서 남쪽으로 32km 아래 지중해 바닷가에 있는 항구도시다. 아스글론에서는 북쪽으로 20km, 예루살렘에서는 서쪽으로 53km 떨어져 있다.아스돗 남 교차로에서 4번 국도를 빠져나와 직진하여 나오면 해안 도로를 만나 남쪽으로 2km 내려가면 아스돗에 도착한다.

지명/지리

① 아스돗이란 도시의 이름은 주전 13세기의 문서에 처음 등장하며, 상인들이 우가릿에서 해안을 따라 북쪽으로 자주 옷감을 갖고 왔다고 기록되어 있다.

② 아스돗은 원래 블레셋 도시였다.

역사

① 비잔틴 시대에 바닷가 쪽에 아소도 파랄리오스(Azotus Paralios)라는 이름의 자매 도시가 생겨났고, 이 도시가 현재의 아소도 얌(Ashdod-Yam)이라는 이름의 도시다.

② 십자군 전쟁 때 십자군의 주둔 장소로 사용되기도 했다.

성경

① 이스라엘이 블레셋과의 전쟁에 하나님의 언약궤를 갖고 나갔다가 패전하여 언약궤가 아스돗으로 옮겨졌다고 기록되어 있다(삼상 5:1-7).

② 빌립이 에디오피아 내시에게 복음을 전한 뒤 아소도(Azotus)에 이르러 그곳에서도 전도하였다고 기록되어 있는데, 아소도는 아스돗을 헬라어로 옮긴 것이다(행 8:40).

유적

① 아스돗이 한참 번창했을 때 성벽 안의 지역만 해도 40헥타르(100에이커)에 해당하는 넓이였다.

② 주후 8세기의 움마야드 요새(Umayyad fortress)가 잘 보존되어 있는데, 이것은 십자군 전쟁 때 사용되었던 장소이다.

③ 아소돗의 성벽은 높은 곳은 8m 높이가 될 정도로 잘 보존되어 있고 길가에서도 보인다.

④ 성문은 남동쪽 모퉁이에 있다.
⑤ 직사각형의 성채입구(40m×60m)는 육지 성문과 바다 성문이 서로 마주보고 있고, 그 주위는 반원형의 탑으로 둘러싸여 있다.
⑥ 내부 성벽으로 올라가는 계단이 있다.
⑦ 여덟 개의 장방형의 방들이 북쪽, 남쪽, 서쪽 벽을 따라 있고 동쪽에 있는 방들은 작은 방들이다.
⑧ 길고 좁은 이슬람 모스크(Mosque)가 남쪽 성벽 중앙에 있다.
⑨ 북쪽에는 목욕탕 건물이 있다. 건물 안에는 우물과 회벽으로 된 욕조들이 있다. 그 중 한 개의 욕조는 화로에서 데운 뜨거운 물을 받을 수 있게 되어 있다.

Photo

A17_아스돗_텔모르_가나안시대 유적
A17_아스돗_텔모르_우물

아스돗_텔모르_우물

아스글론_십자군성벽 유적과_지중해

유적지 | 해안 평야

아스글론 Ashqelon

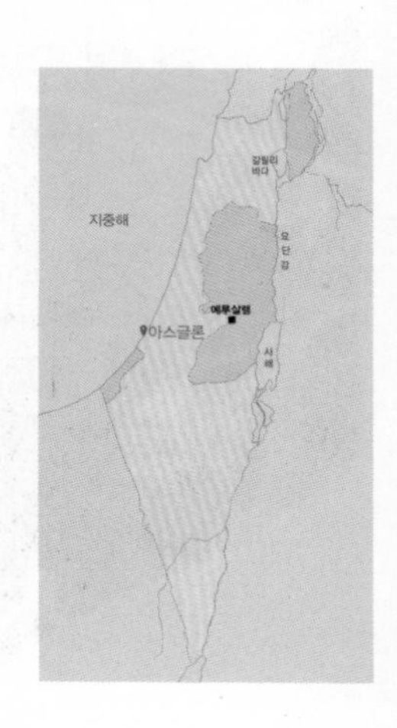

위치

아스글론은 텔아비브에서 남쪽으로 50km, 가자 지구에서는 북쪽으로 13km 떨어져 있는 지중해 바닷가의 도시이다. 고대 성벽 안에 위치해 있는 아스글론 국립공원에 해안 사구(砂丘)를 따라, 성경상의 텔 아스글론의 유적이 남아 있다(삼상 6:17).

 지명/지리

① 팔레스타인에서 가장 넓은 해안 평야인 길이 112㎞의 블레셋 평야에 있는 '아스글론'은 이 평야에 있는 가자와 아스돗, 그리고 세펠라에 있는 가드와 에글론과 함께 블레셋의 다섯 도시(pentapolis)를 이루었다.

③ 아스글론에는 샘이 없지만 그 도시 아래를 흐르는 지하 강물이 있어서 우물로 물을 길어 생활할 수 있다.

② 현재 고고학 유적과 해변을 포함한 아름다운 국립공원이 있다.

 역사

① 고대의 아스글론 도시는 신석기 시대로 거슬러 올라가는 매우 오래된 도시다.

② 기원전 2000년에 인구 15,000명의 도시가 되었다.

③ 가나인 종족들, 블레셋 사람들, 이집트, 이스라엘 앗시리아, 바빌론의 지배를 받았다. 주전 604년 느브갓네살 왕 때 도시가 완전히 파괴되었지만 80년 후 재건되었다.

④ 그 이후 헬라인들, 페니키아인들, 로마, 페르시아, 아랍인, 십자군이 이곳을 지배해오다가 1270년에 맘룩크에 의해 파괴되었다.

⑤ 요세푸스의 기록에 따르면 헤롯 대왕의 궁전이 이곳에 있었고, 그가 죽은 뒤 그의 딸 살로메가 그 궁전을 받았다.

성경

① 아스글론은 블레셋의 다섯 도시 국가들 중의 하나였다(수 13:3: 삼상 6:4).

② 삼손이 '그곳 사람 삼십 명'(삿 14:19)을 죽인 사건이 이곳에서 있었다.

유적

① 청동기 중기에 만들어진 도시의 성문이 있다. 햇볕에 말린 벽돌로 만든 아치형으로 된 3.5m 높이의 성문은 기원전 1900-1750년 사이에 건설되었다.

② 은 송아지 제단(Sanctuary of Silver Calf)는 그곳에서 발견된 11㎝ 길이의 은으로 만든 송아지 형상 때문에 그렇게 이름이 붙여졌다. 그 송아지상은 도자기로 구운 신전 형태의 모형 안에 들어 있었고, 가나안 종교의 신들 중 가장 지위가 높은 '엘(El)' 혹은 '바알(Baal)'신을 상징한다.

③ 공공건물인 바실리카는 주후 3세기 초반에 건설되었고 그 건물의 일부인 8.3m의 대리석 기둥은 이집트에서 수입한 것이다.

④ 도시의 시청(Council of Chamber)이 있던 곳에는 이집트의 이시스(Isis) 신이 아기 호루스(Horus), 날개가 달린 두 빅토리(Victory)와 함께 있는 조각이라든지, 그리스의 신 아틀라스(Atlas)의 조상(彫像) 등이 있다.

⑤ 십자군이 이름을 예루살렘 성문(Jerusalem Gate)이라고 붙인 성문을 나가면 터키식 우물이 있다. 나무로 만든 수차로 물을 계속 길어 올려 물이 고이게 하였다.

⑥ 성 마리아 그린 교회(the church of St. Mary the Green)는 400-1191년 동안 헬라어를 사용하는 그리스도인의 예배당으로 사용되었던 건물이다. 이름에 녹색을 뜻하는 단어가 들어가 있는지 이유는 불분명하다. 아마 건물을 지을 당시 건축 재료에 녹색이 있어서였거나 아니면 성모 마리아를 곡식의 수호여신으로 보아 녹색이 들어갔을 수도 있다.

⑦ 둥근 모양으로 함몰된 구덩이는 전통적으로 '아브라함의 우물'로 알려져 있다. 로마식 극장과 유사한 형태를 갖고 있다.

⑧ 바닷가 쪽에 '개 무덤'으로 알려진 고고학 발굴지가 있다. 주전 5세기 약 50년 동안 적어도 700마리의 개들이 이곳에 묻혔다. 개들의 나이는 다양하고 죽음의 이유는 다양한 자연적 죽음이다. 이 개들은 페니키아인들의 병을 고치는 신들의 신전에서 성스러

운 동물로 제의에 참여했던 것으로 보인다.

Photo

A18_아스글론_로마시대 유적
A18_아스글론_십자군성벽 유적과_지중해

아스글론_로마시대 유적

가자 시티 내(사진출처: http://en.wikipedia.org/wiki/Gaza_City)

유적지 | 해안 평야

가자 Gaza

위치

아스글론은 텔아비브에서 남쪽으로 50㎞, 가자 지구에서는 북쪽으로 13㎞ 떨어져 있는 지중해 바닷가의 도시이다. 고대 성벽 안에 위치해 있는 아스글론 국립공원에 해안 사구(砂丘)를 따라, 성경상의 텔 아스글론의 유적이 남아 있다(삼상 6:17).

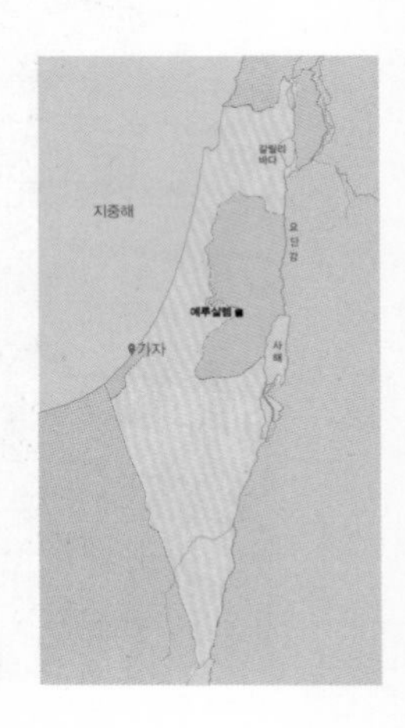

지명/지리

① 주전 15세기 이집트의 투트모스 3세(Thutmose III) 시대의 군사 기록에 '가자'라는 이름이 처음으로 등장한다.

② 고대 이집트인은 '가자트'(Ghazzat)로 불렀고, 그 의미는 '훌륭한 도시(prized city)'였다.

③ 고대 아랍인은 '가자트 하셈'(Ghazzat Hashem)으로 불렀는데, 그 이유는 이슬람 전통에 따르면 무하마드의 증조부인 하심(Hashim)이 이 도시에 묻혔기 때문이다.

역사

① 가자는 이미 5000년 전부터 사람들이 거주한 곳으로 세계에서 가장 오래된 도시들 중 하나다.

② 주전 12세기에 블레셋 사람들이 정복할 때까지 가자는 이집트가 가나안을 다스리는 행정의 중심지였다.

③ 블레셋 사람들의 다섯 도시 중 하나였다.

④ 이스라엘이 정복한 뒤, 앗시리아, 이집트가 가자를 소유했고, 이 도시는 페르시아 제국 치하에서는 평화를 누렸다.

⑤ 알렉산더 대왕은 가자를 포위해 공격했고 5개월의 전투 끝에 주전 332년에 점령하고 가자를 헬라 도시로 탈바꿈시켰다.

⑥ 로마시대, 비잔틴 시대에 가자는 비교적 평화를 누리며 발전했다. 635년에 라시둔(Rashidun) 군대에 의해 점령된 최초의 팔레스타인 도시였고 이슬람 율법의 중심지로 발전했다.

⑦ 11세기 말 십자군의 침공을 받아 폐허가 되었다. 이후 몽고의 침략부터 메뚜기 떼의 습격에 이르기까지 다양한 재난으로 인해 16세기까지는 작은 마을로 명맥을 유지했다.

⑨ 오토만 제국에 편입되면서부터 상업 교역의 중심지로 거듭나게 되었다.

⑧ 제1차 세계대전 동안 영국의 지배를 받았고, 1948년 이스라엘과 아랍 전쟁의 결과 이집트에 편입되었다.

⑩ 1967년 6일 전쟁으로 다시 이스라엘 땅이 되었고, 1993년 팔레스타인 자치령으로 편입되었다.

성경

① 삼손이 블레셋 사람들에게 사로잡힌 뒤 사람들이 그의 눈을 빼고 그를 가자로 끌고 가서 놋줄로 매고 감옥에서 맷돌을 돌리게 하였다(삿 16:20).
② 솔로몬이 그 강 건너편을 딥사에서부터 가사까지 모두 다스렸다(왕상 4:24).
③ 빌립은 주의 사자로부터 "남쪽으로 향하여 예루살렘에서 가사로 내려가는 길까지 가라"는 명령을 받는다(행 8:26).

유적

① 가자의 남동쪽에 있는 텔 알문타르(Tell al-Muntar)로 알려진 유명한 언덕은 블레셋 사람들이 삼손을 데리고 온 바로 그곳으로 알려져 있다. 지금은 알리 알문타르(Ali al-Muntar)을 기념하는 모스크가 그 언덕 위에 있다.
② 구 도시는 가자의 중심부에 있으며, 크게 무슬림 지역과 기독교인 구역으로 구분된다.
③ 대부분의 건물들은 맘룩크(Mamluk) 혹은 오토만(Ottoman) 시절에 세워진 것들이다.
④ 일곱 개의 역사적으로 오래된 성문들이 있으며, 그것들 중에는 아스글론 성문(Gate of Ashkelon), 바다 성문(Gate of the Sea), 마을 문(Gate of the Town), 헤브론 성문(Gate of Hebron) 등이 있다.
⑤ 가자 대(大)모스크(the Great Mosque of Gaza)가 있고, 성 포르피리우스 교회(the Church of St. Porphyrius), 웰라야트 모스크(the Welayat Mosque), 사마리아 목욕탕(the Samaritan's Bath-house) 등의 유적이 있다.

세겜_텔 발라타

유적지 | 에브라임 산지

세겜 Shechem

위치

'세겜'은 예루살렘에서 북쪽으로 약 58㎞ 떨어져 있으며, 서편의 '그리심'(Gerizim) 산과 동편의 '에발'(Ebal) 산 사이에 위치해 있는, '에브라임 산지' 상의 고대 성읍으로, 현대 도시 '나블루스'(Nablus) 동편 어귀인 '텔 발라타'(Tel Balata)로 추정된다. 예루살렘 구 도시 북쪽 성문인 '다메섹 문' 또는 '나블루스 문'에서 출발하여 '세겜 길' 또는 '나블루스 길'을 따라 북상하여 60㎞ 정도 이동하면 나블루

스에 이를 수 있다.

지명

① '세겜'은 히브리어로는 '세켐'(Shechem) 또는 '시켐'(Shichem)으로, '어깨'라는 의미를 지니고 있다.

② 주후 1세기 로마에 의해 파괴된 후 로마 도시가 세워지고 '플라비아 네아폴리스'(Flavia Neapolis)로 개명되었다. '플라비아'는 로마의 베스파시아누스(Vespasianus) 황제의 가문 이름에서 유래되었고, '네아폴리스'란 '신도시'라는 뜻이다.

③ 아랍인들은 '네아폴리스'를 아랍 식으로 발음하여 '나블루스'라고 부른다.

④ 세겜은 이스라엘 한가운데를 남북으로 가로지르는 '중앙 산악 지대'의 북부, '에브라임 산지' 또는 '사마리아 산지'의 중심도시로(수 20:7), 고대 예루살렘이 '정치적 수도'이었던 반면, 고대의 '족장들의 길'이 통과하며 서편의 그리심 산과 동편의 에발 산 사이에 놓여있는, 지정학적 위치가 탁월한 천혜의 '자연적 수도'였다.

⑤ 세겜은 북쪽으로 사마리아, 도단, 이블르암, 벧하간을 지나 이스르엘 평야에 이르고, 동편으로 '디르사(Tirtza) 골짜기'(현재 Wadi al-Fara)를 통해 벧산 골짜기로 갈 수 있으며, 요단 강을 건너는 '아담 다리'(Adam Bridge)와 연결된다. 서편으로는 '아벡 비탈'(Aphek Ascent)을 통해 해안길과 연결될 수 있었다.

⑥ 구약성경에 의하면, 세겜은 예루살렘 북쪽 성읍인 벧엘(Bethel)과 실로(Shiloh) 북쪽에 위치해 있었으며(삿 21:19), 믹므닷(Michmethath)과 인접해 있었고(수 17:7), 더 북쪽에 도단(Dothan)이 자리 잡고 있었다(창 37:17).

TIP

'족장들의 길'
Way of the Patriarchs

히브리어로 '데렉 하-아봇'(Derech ha-Avot)으로 불리는 이 길은 성경에서 이스라엘의 선조들인 아브라함, 이삭, 야곱이 다니던 이스라엘 중앙산악지대, 곧 북쪽의 에브라임(사마리아) 산지와 남쪽의 유대 산지를 남북으로 지나는 고대 도로로, 산지를 지나기 때문에 '산지로'(Hill Road), 또는 이 길을 사이에 두고 도로 양편의 강우량이 급격하게 변하기에 '분수령 길'(Ridge Route)로 불리기도 한다. 이 길은 팔레스타인 땅에서는 북쪽의 하솔에서 시작하여 세겜, 벧엘, 예루살렘, 에브라다, 헤브론을 지나 브엘세바까지 이르며, 북쪽으로는 다메섹과 연결되어 '왕의 대로'(King's Highway)와 만나고, 남쪽으로는 므깃도를 지나 '해안길'(Via Maris)과 연결된다.

⑦ 요세푸스(『고대사기』. V.1.19)에 의하면, 가나안 정복 시 여호수아가 이스라엘 군대의 반을 그리심 산에, 나머지 반을 에발 산에 배치하여, 그 사이에 있는 '시키마'(Sikima, '세겜'의 고대 명칭)를 공격하였다.
⑧ 주후 6세기 고대 '마다바'(Madaba) 지도에 의하면, '시키마'는 그리심 산인 '투르 가리진'(Tour Garizin)과 에발 산인 '투르 고벨'(Tour Gobel) 사이에 위치해 있었다.

역사

① 동석기 시대(주전 4500–3100년)에 사람들이 처음으로 정착하여 거주하였다.
② 설형문자로 기록된 주전 23세기경의 '에블라'(Ebla) 토판에 의하면, 세겜은 무역로에 위치해 있던 상업 도시였다.
③ 주전 19세기경 이집트 관리 '쿠–세벡'(Khu–Sebek) 석비에 의하면, 세겜은 가나안의 정착지였다.
④ 주전 1350년경 '아마르나(Amarna) 서신'에서 '세겜'을 가리키는 '샤무'(Shakmu)는 가나안 왕국의 무역 중심 도시였다.
⑤ 주전 9세기 북 왕국 이스라엘의 수도가 이곳에서 사마리아로 이전된 후 세겜은 정치적인 중요성을 잃어버렸다.
⑥ 헬라 시대에는 안티오쿠스(Antiochus) IV세의 통치 아래 있었다.
⑦ 주전 2세기 초 사마리아인들은 그리심 산에 자신들만의 성전을 건축하였다.
⑧ 요세푸스(『고대사기』.VXIII.9.1)에 의하면, 주전 128년 요한 힐카누스(Johan Hyrcanus)에 의해 이 성이 점령되었으며, 사마리아인의 성전도 파괴되었다.
⑨ 주후 6년 세겜은 로마 제국의 수리아 속주에 병합되었다.
⑩ 주후 72년 로마의 베스파시아누스 황제에 의해 신도시가 세워졌는데, 이는 '플라비아 네아폴리스'로 개명되었다.
⑪ 주후 2세기 초 하드리아누스 황제는 그리심 산의 신전을 재건하고 이를 로마의 주신(主神) 주피터(Jupiter)에게 봉헌하였다.

⑫ 주후 2세기 기독교 변증가로 순교자인 '저스틴 마터'(Justin Martyr)가 태어난 출생지이다.
⑬ 이슬람의 압바시드(Abbasid) 시기(8-13세기 중엽)와 오토만(Ottoman) 시대(13-20세기 초)에 이슬람 화 되었다.
⑭ 현재 요단 서안(West Bank) 지역에 속해 있다.

성경

❑ 구약성경

① 아브람은 약속을 받고 하란을 떠나 가나안 사람들이 살고 있는 세겜 땅 상수리나무에 이르러 "이 땅을 네 자손에게 주리라"고 약속하신 하나님께 제단을 쌓았다(창 12:6-7).
② 야곱이 형 에서와 화해한 후 가나안 땅 세겜 성 앞에 이르러 장막을 치고 장막을 친 밭을 이곳 사람 하몰의 아들들에게 구입하여 제단을 쌓고, 그곳 이름을 '엘엘로헤이스라엘'('하나님, 이스라엘의 하나님'이라는 뜻)으로 불렀다(창 33:18-20).
③ 야곱의 딸 디나가 세겜 사람에게 강간을 당한 후, 디나의 오라버니 시므온과 레위는 세겜 사람들에게 살육으로 보복하였다(창 34장).
④ 요셉의 형들이 이곳에서 양을 칠 때, 야곱이 그들의 안부를 묻기 위해 요셉을 보냈으나 그들은 동생을 미디안 상인들에게 팔았다(창 37:12-28).
⑤ 여호수아가 아이 성을 공략한 다음, 에발 산에서 하나님을 위하여 제단을 쌓고 율법을 선포하였다(수 8:30-35).
⑥ 므낫세 지파는 제비를 뽑아 아셀에서부터 세겜 앞 믹므닷까지 땅을 분배받았다(수 17:7).
⑦ 여호수아가 가나안 땅을 정복하고 난 후 이스라엘 열두 지파를 이곳에 모아 하나님께서 선조들에게 하신 약속이 이루어졌음을 상기시키고 백성에게서 하나님만 섬길 것이라는 언약을 받고 율법과 법도를 제정하였다(수 24:1-28).

⑧ 이스라엘 자손이 이집트에서 가져온 요셉의 뼈를 야곱이 하몰의 자손들에게서 샀던 밭에 장사하였다(수 24:32).
⑨ 기드온(여룹바알)의 아들 아비멜렉이 외가(外家)가 있는 세겜에서 자신의 형제 70인을 죽이고 왕이 되려 하였다(삿 9:1–6).
⑩ 이곳에 '바알브릿'(삿 9:4)과 '엘브릿'(삿 9:46)과 같은 가나안 신전이 있었다.
⑪ 솔로몬의 아들 르호보암이 왕이 되기 위해 이곳에 왔으나, 열 지파가 배신하여 여로보암을 왕으로 삼았다(왕상 12:1–20).
⑫ 북 이스라엘의 왕이 된 여로보암은 에브라임 산지에 세겜을 건축하여 수도로 삼았다(왕상 12:25).

❑ 신약성경

① 세겜에서 동편으로 5㎞ 정도 떨어진 곳에 '살렘'(Salim)이 있는데, 세례 요한은 살렘에서 가까운, 물이 많은 '애논'(Aenon)에서 세례를 베풀었다(요 3:23).
② 예수 당시 야곱이 요셉에게 준 땅 가까이에 있는 '수가'(Sychar)에 '야곱의 우물'이 있었는데(요 4:5–6), 이곳에서 예수는 한 사마리아 여인에게 '영생하는 샘물'에 대한 말씀을 전하셨다(요 4:7–26).
③ 이 사마리아 여인은 예수에게 자신의 조상들이 이곳의 산에서 예배하였음을 말하였다(요 4:20).
④ 사도행전에 의하면, 빌립이 사마리아 인들에게 복음을 전한 후(행 8:4–13), 베드로와 요한이 이곳 사람들에게 전도하였다(행 8:14–25).

유적

유적으로는 '텔 발라타', '그리심 산', '에발 산', '야곱의 우물', '텔 엘-라스', '키르벳 아스칼' 등을 들 수 있는데, 그 간단한 세부 설명은 다음과 같다.

① 처음 사람들이 정착한 곳은 성경 상 '세겜'인 '텔 발라타'이다. 이곳에 가나안 시기에 숭배되었던 '다듬지 않은 돌'인 '마제바'(mazebah)가 있었다. 또 비잔틴 시대 이후로 이곳에 있는 고대의 한 무덤이 이집트에서 가져온 요셉의 유골로 장사를 지낸 '요셉의 무덤'으로 숭배되었다. 그러나 이는 주후 200년경의 것으로 판명되었다. 무덤 내부는 돔 구조로 되어 있고, 무덤 측면에 요셉의 두 아들, '에브라임'과 '므낫세'라 불리는 두 기둥이 있다.
② 주전 3-2세기경 사마리아 인들이 자신들만의 성전을 세운 '그리심 산'이 있으며, 그 맞은편에는 '에발 산'이 있다.
③ '텔 엘-라스'(Tel er-Ras)에 주후 2세기 초 하드리아누스 황제에 의해 그리심 산에 세워진 '주피터 신전' 유적이 남아있다.
④ 주후 6세기 마다바 지도에 묘사된 것처럼, 그리심 산기슭에 7천 명을 수용할 수 있는 직경 110m 규모의 로마의 원형극장 유적을 볼 수 있다.
⑤ '텔 발라타' 근처에 위치해 있으며, 일반적으로 '수가'(Sycar)로 여겨지는 '키르벳 아스칼'(Khirbet Askar)에 예수께서 한 사마리아 여인을 만난 '야곱의 우물'이 있다. 유세비우스의 『지명록』을 라틴어로 번역한 제롬(Jerome)에 의하면, 그 우물을 가운데 두고 비잔틴 시대 기독교인들은 십자가 형태로 교회를 건축하였다. 7세기 페르시아와 이슬람의 침입으로 교회가 파괴되었다. 십자군은 4세기 교회 유적 위에 교회를 세웠다. 이 교회는 1914년 재건되었는데, 1917년 러시아 혁명 이후 아직도 완성되지 않았다. 우물의 깊이는 35m 정도 되는데, 670년경 프랑스 주교였던 순례자 아컬프(Arculf)에 의하면 그 깊이가 70m 이상이었다.
⑥ 1927년 이곳에 일어난 지진으로 인하여, 그 후 점점 황폐하게 되었다.

A20_세겜_텔 발라타
A20_수가 야곱의 우물

수가 야곱의 우물

A20

사마리아 유적

유적지 | 에브라임 산지

사마리아(쇼므론) Samaria(Shomron)

위치

사마리아는 세겜에서 북쪽으로 약 11km 떨어져 있으며, 북쪽으로는 이즈르엘 골짜기, 동편으로는 요르단 골짜기, 서쪽으로는 갈멜 산지와 샤론 평야, 그리고 남편으로는 예루살렘 산지가 놓여 있는 사마리아 산지에 세워진 도시로, 주전 9세기 북왕국 이스라엘의 오므리 왕(주전 876-842년 재위)이 세운 이스라엘의 수도였다.

지명/지리

① 히브리어로 '사마리아'(Samaria)는 '쇼므론'(Shomron)으로도 불리는데, 아랍어로는 '앗-사미라'(as-Samirah)이다.
② '사마리아' 또는 '쇼므론'은 북 이스라엘의 왕 오므리가 도시를 세우기 전 매입했던 땅 소유주인 세멜(Shemer)의 이름을 따라 붙인 명칭이다(왕상 16:24).
③ 설형문자 비문에서는, '오므리 가(家)'를 뜻하는 '벧 후므리'(Bet Humri)가 언급된다.
④ 디글랏 빌레셀 III세 이후로 아랍식 명칭인 '사미린'(Samirin)으로 불렸다.

역사

① 주전 876년 북 이스라엘 오므리 왕이 도시를 세워 수도를 디르사에서 이곳으로 옮겼다.
② 여로보암 II세(주전 784-748년) 때 최대 번영의 시기를 누렸다.
③ 주전 724-722년 앗수르의 살만에셀 V세에 의해 포위되어 호세아 제9년에 점령당하고 주민들이 앗수르로 포로로 잡혀갔는데(왕하 17:5-6), 앗수르의 비문에 의하면, 그 수는 27,290명이었다.
④ 페르시아 통치시기에 속주의 수도가 되었다.
⑤ 주전 333년 알렉산더 대왕의 사절을 불에 태운 대가로 응징을 받았다.
⑥ 주전 108년 유대 제사장 요한 힐카누스(John Hyrcanus)에 의해 완전히 파괴되었으나, 주전 57년 로마 장군 가비니우스(Gabinius)에 의해 회복되었다.
⑦ 주전 30년 아우구스투스로부터 도시를 하사받은 헤롯 대왕은 재건하여 자신의 후원자인 황제의 이름을 기려 세바스테(Sebaste, 그리스어로 '존엄자')로 명명하였다.
⑧ 주후 6년 로마 제국의 유대 속주에 편입되었다.
⑨ 주후 200년 셉티무스 세베루스에 의해 온전한 특혜를 받는 로마

식민지가 되었으며 지진으로 무너진 헤롯의 건축물들이 재건되었다.

⑩ 로마 시대 후 비잔틴, 아랍, 십자군, 오스만 터키의 지배를 받았다.

⑪ 1918–48년 영국의 위임 통치를 받았다.

⑫ 1948년 아랍–이스라엘 전쟁 결과 요르단의 통제를 받는 서안 지구에 속했다.

⑬ 1967년 6일 전쟁 후 이스라엘의 통제 아래 있었다.

⑭ 1988년 요르단에 의해 팔레스타인해방기구(PLO)에 양도되었다.

⑮ 1994년 이스라엘–요르단 협약에 의해 재확인되었다.

⑯ 팔레스타인 자치정부 수립이 결정된 오슬로 협정에서 치안과 민생이 팔레스타인인에 의해 자치적으로 이루어지는 A지역이 되었다.

성경

① 가나안 정복 이후 에브라임 지파에게 분배된 땅에 속해 있었다(수 16:5–10).

② 북 이스라엘 왕 오므리가 세멜에게서 산지를 매입하여 도시를 건축하고 디르사에 있던 수도를 이곳으로 옮겼다(왕상 16:24).

③ 솔로몬 시대의 영토를 회복한 여로보암 II세(주전 784–748년) 때 최대 번영의 시기를 누렸다(왕하 14:25–28).

④ 주전 724–2년 앗수르의 살만에셀 V세에게 3년간 포위 끝에 점령당하고 주민들이 포로 잡힌 후 이스라엘은 멸망하였다(왕하 17:5–6).

⑤ 주전 722년 이후로 앗수르 왕이 바벨론, 구다, 아와, 하맛, 스발와임에서 외지인을 이주시켜 살게 함으로써 이들이 사마리아인의 기원이 되었다(왕하 17:24).

⑥ 바벨론 포로 생활을 마치고 귀환한 유대인들이 성전을 재건할 때 사마리아인들은 페르시아의 관리들에게 뇌물을 주어 성전 재건을 방해하였다(스 4:1–6).

⑦ 그 후 유대인들은 사마리아인들을 상종하려 하지 않았다(요 4:9).
⑧ 예수께서 수가 성의 한 우물가에서 사마리아 여인에게 생수의 메시지를 전하였다(요 4:3-14).
⑨ 사마리아에 전도하셨던 예수께서 유대인으로부터 사마리아 사람이라는 말을 들었다(요 8:48).
⑩ 사마리아와 갈릴리 경계 지역에서 예수께로부터 나병을 고침 받은 열 명 중 예수께 감사드린 사람은 사마리아인이었다(눅 17:11-19).
⑪ 초기 교회의 7 집사 중 한 사람인 빌립이 말씀과 이적 행위로 예수 그리스도를 전한 곳이다(행 8:5-8).
⑫ 예수 당시 로마의 수리아 속주에 속한 팔레스타인 지역에서 유대와 갈릴리 사이에 위치한 사마리아 지역의 중심 도시였다(요 4:3-4).

유적

주전 30년 헤롯 대왕에 의해 재건되고 세바스테로 명명된 이곳에 열주로, 신전이 있는 아크로폴리스, 세례요한의 무덤이 있는 곳으로 전해진 하부도시 등 유적지가 있으며, 대표적 유물로는 주전 1천년기 시대의 것으로 추정되는 나무와 상아로 제작된 가구 등이 있다.

① 알렉산더 시기의 서쪽 성문, 헬라 시대의 사각 망대, 세베루스 황제 시기의 세 망대와 3㎞에 이르는 성벽 유적이 있다.
② 아크로폴리스 아래 상업 지역에 로마 시대에 건설된 폭 4m의 열주대로가 있다.
③ 열주로를 따라 가면 128×73m 규모의 로마 포럼과 공회당(Basilica)이 나타난다.
④ 텔 엣-삼랏(Tel es-Samrat)에 헤롯 대왕이 가이사랴와 여리고에 건설한 것과 유사한 230×60m 규모의 경기장(stadium) 유적이 있다.
⑤ 주후 3세기 로마 극장과 주변의 주전 4세기 원형 망대 유적을 볼

수 있다.

⑥ 아크로폴리스 정상에 헤롯 대왕이 아우구스투스에게 헌정했던 신전이 있다.

⑦ 세례요한 무덤추정지로 여기는 한 기독교 전승을 따라 그를 기념하는 두 교회가 세워졌다.

⑧ 비잔틴 시기인 주후 6세기 세워진 작은 교회는 세례 요한의 참수당함을 기념한 것이다.

⑨ 5세기 세례 요한 무덤 추정지에 세워진 교회터에 주후 12세기 세워진 대 성당 유적이 있다.

Photo

A21_사마리아_아합왕 궁전

A21_사마리아 유적

사마리아_아합왕 궁전

예루살렘 성전산과_감람산

유적지 | 예루살렘과 주변

예루살렘 Jerusalem

위치

다윗이 여부스 족으로부터 취한 이래로 3천 년의 역사를 지니고 있는 고도(古都) 예루살렘은, 주후 1세기 『자연사』(Naturalis Historia) 저술로 유명한 로마 저술가 플리니(Pliny the Elder)에 의하면, '고대 근동에서 가장 유명했던 도시'로 고대 이스라엘의 정치적·종교적 중심지였다. 오늘날도 유대인의 성전이 있었던 예루살렘은 세계 3대 유일신 종교인 유대교, 회교, 기독교의 주요 성지(聖地)로

순례자들의 방문이 끊이지 않는 '거룩한 도시'(Yir ha-Qodesh)다. 그 서편으로 유대 쉐펠라, 동편으로는 유대 광야가 위치해 있으며, 중앙 산악 지대인 북쪽 사마리아 산지와 남쪽 유대 산지를 잇는 '족장들의 길'이 통과하는 유대 산지의 중심 도시로, 해발 754m의 고대 이스라엘의 수도였다. 여기서 동편의 사해까지는 35㎞, 서편의 지중해변 도시 텔아비브까지는 약 60㎞ 떨어져 있다.

지명

① 주전 19세기경 이집트 중왕국의 저주 문서에 '루살림'(Rushalim)으로 처음 나타난다.

② 주전 14세기 이곳을 다스렸던 이집트 파라오의 봉신(封臣) 압디-히바(Abdi-Hiba)가 파라오 아멘호텝 IV세(아케나텐)에게 보낸 외교문서인 아마르나 서신에 '우루살림'(Urshalim)으로 등장한다.

③ 주전 701년 이곳을 침공한 앗수르 왕 산헤립(주전 705-681년 통치)의 기록에 '우르살림무'(Urshalimmu)로 나타난다.

④ 어원(語原)적으로는, 우가릿(Ugarit) 문서에서 '세우다'라는 뜻의 서부 셈어(가나안어) yrw와 이곳 사람들이 수호신으로 섬겼던 서부 셈족의 신(神) 살렘(shalem)의 합성어로(창 14:18 참조), 그 의미는 '살렘이 세운 도시'이다.

⑤ '예루살렘'은 여호수아서에서 처음 등장하는데(수 10:1), 미드라쉬에 의하면, '하나님께서 그것을 보실 것이다'라는 의미의 '여호와 이레'(Yhwh Yir'eh)와 도시명 '살렘'의 합성어로 '하나님께서 살렘을 보실(지키실) 것이다'는 뜻이다.

⑥ 성경 외에 '예루살렘' 명칭은 주전 7세기 키르벳 베이트 레이(Khirbet Beit Lei)에서 발견된 비문에서 처음 나타난다.

⑦ 가나안 종교에서 살림(Shalim) 혹은 살렘(Shalem)은 '평화'(히브리어로 Shalom, 아랍어로 Salam)를 의미하는 s-l-m이라는 어근을 가진 '흙의 신'을 가리킨다. 이 명칭과 '도시'를 뜻하는 '이르'(Yir)와의 합성어로 여긴다면, 예루살렘의 의미는 '평화의 도

시'이다.

⑧ '예루살라임'(Yerushalayim) 명칭에서 '아임'(-ayim)은 히브리어에서 쌍수(雙數)를 나타내는 어미(語尾)로, 이는 두 개의 언덕 위에 세워진 도시에서 유래되었다.

⑨ 예루살렘에서 가장 오래된 거주지는 여부스 사람이 살았던 기혼 샘 위의 언덕으로 '시온의 산성'(metsudat Zion)으로 불렸으며, 이를 다윗이 점령하여 '다윗성'으로 명명하였다(삼하 5:7, 9).

⑩ 예루살렘의 다른 명칭인 '시온'은 구약에 150회 이상 나타나는데, 그 어원과 정확한 의미는 밝혀지지 않았지만, 자주 '하나님께서 계신 곳'이란 비유적 의미로 사용되었다.

⑪ 예루살렘은 그리스어로 음역되어 히에로솔루마(Hierosolyma)로 불렸는데, 이는 '거룩한'이란 뜻의 '히에로스'에서 유래된 지명이다.

⑫ 주후 135년 로마 황제 하드리아누스는 제2차 유대 혁명인 바르코흐바(Bar Kokhba) 반란을 진압한 후 유대 속주를 주변의 주와 합하여 '수리아 팔레스티나'(Syria Palaestina)로 개명하고, '예루살렘'이란 명칭 대신 자신과 로마 신의 이름을 따서 '엘리아 카피톨리나'(Aelia Capitolina)로 바꾸었다.

⑬ 아랍어로는 알-쿠즈(al-Quds)로 불리는데, 그 뜻은 '거룩한 곳', 곧 '성지'이다.

⑭ 도시의 동편에 감람산(Mount of Olives), 북동편에 전망산(Mount Scopus)이 위치해 있으며, 동편과 남편으로는 골짜기로 둘러싸여 있는데, 동편에 기드론(Kidron) 골짜기, 남편에 힌놈(Hinnom) 골짜기가 있다. 도시의 중앙에는 상부 도시와 하부 도시로 구분하는 티로푀온(Tyropoeon) 골짜기가 지나간다.

⑮ 현재 구(舊) 예루살렘은 1538년 오스만 터키의 술레이만(Suleiman) 대제가 건설한 성벽 안에 있는 도시를 가리킨다.

역사

오랜 역사 동안 예루살렘은 두 번 파괴되었으며, 23번 포위되었고,

52번 공격 받았으며, 44번 약탈을 당하였다.

① 고고학적 증거에 의하면, 동석기 시대인 주전 3500년경 기혼샘 위 오벨(Ophel) 지역에 사람들이 정착하여 거주하였다.

② 후기 청동기였던 주전 14세기에는 이집트 봉신국의 수도였다.

③ 다윗 왕에 의해 비로소 이스라엘의 영토에 편입되고 이스라엘의 정치적·신앙적 중심지가 되었다.

④ 다윗의 아들 솔로몬이 모리아 산에 성전을 건축한 후, 이스라엘의 성도(聖都)가 되었다.

⑤ 성전 건축 후 유다가 바벨론에 포로로 잡혀갈 때까지 시기인 '제1성전 시대'(주전 1000-586년)에는 기혼 샘 위쪽의 다윗성과 성전산으로 이루어져 있었다.

⑥ 바사(Persia)의 고레스(Cyrus) 칙령에 의해 유다가 본토로 귀환한 후 주전 515년 스룹바벨에 의해 이곳에 성전이 재건되었다.

⑦ 주전 445년 느헤미야가 폐허로 남아 있던 이곳으로 돌아와 오벨 및 성전산 지역과 함께 상부 도시와 하부 도시를 성벽으로 둘렀다(느 2장; 12장).

⑧ 주전 332년 알렉산더 대왕에 의해 점령되었다.

⑨ 알렉산더 대왕의 사후 이집트의 프톨레미 왕조의 통치(주전 320-198년)를 받았다.

⑩ 수리아의 안티오쿠스 III세가 프톨레미 V세를 물리친 다음, 수리아 셀류시드 왕조의 지배(주전 198-142년)를 받았는데, 안티오쿠스 IV세에 의해 도시가 헬라화 되고 성전에 제우스 제단이 세워졌으며 자신의 수비대를 위한 요새인 아크라(Akra)가 세워졌다.

⑪ 안티오쿠스 IV세로부터 아크라를 제외한 예루살렘을 해방시킨, 하스모니아 가문(家門)의 유대 제사장 맛다디아스와 그 아들 유다 마카비에 의해 주전 164년 성전이 다시 수리되어 봉헌되었다(요 10:22, 수전절).

⑫ 주전 141년 유다의 형제 시몬 마카비가 아크라를 점령하고 주후 63년 로마의 폼페이가 이곳을 점령할 때까지 유다는 정치적 독립을 누렸는데, 이때 이 도시는 요단 건너편 땅을 포함한 유다의 수도였다.

⑬ 하스모니아 시대(주전 142-63년)에 예루살렘은 상부도시와 다윗성을 포함하였고, 하스모니아의 행정 중심지인 상부도시는 중앙의 티로푀온 골짜기를 가로지르는 다리를 통하여 성전산과 연결되었다. 또 성전 북쪽을 방어하기 위해 바리스(Baris)라고 불렸던 요새가 건설되었는데, 이는 헤롯 시대에 안토니아 요새의 전신(前身)이 되었다.

⑭ 헬라주의자이자 로마 제국의 봉신이었던 대(大) 헤롯 시대(주전 37-4년 재위)에 이 도시는 경제적 번영을 누렸는데, 이로 인해 생긴 부유층은 상부도시에, 빈곤층은 하부도시에 거주하였다. 헤롯은 유대인의 환심을 사고자 주전 20년부터 시작하여 10년 뒤에 봉헌하였지만, 주후 63년에도 완성되지 않았던 성전을 수축(修築)하였다.

⑮ 대 헤롯 이후 가이사랴에 관저를 둔 총독의 지배를 받는 로마의 속주(屬州)가 되었다.

⑯ 유대의 마지막 총독 게시우스 플로루스(Gessius Florus)가 성전 보물을 도둑질함으로써 발발한 유대전쟁(주후 66-70년) 말엽인 주후 70년 로마 장군 티투스(Titus)의 공격을 받아 제2성전은 파괴되고 도시는 함락되었다.

⑰ 하드리아누스(주후 117-138년 재위) 황제에 의해 성전산에 주피터 카피톨리누스 신전이, 또 성묘 교회 자리에 로마 여신 아프로디테(Aphrodite) 신전이 세워졌으며, 도시는 로마식으로 바뀌었다. 두 번째 유대 혁명인 '바르 코흐바'(Bar Kokhba) 난(132-135년)이 진압되고, 도시는 황제의 두 번째 이름인 '엘리아'와, 로마의 3신조인 주피터(Jupiter), 그 아내 주노(Juno), 미네르바(Minerva)를 모셨던 카피톨린을 합쳐 '엘리아 카피톨리나'(Aelia Capitolina)로 개명되었다. 그 후 유대인의 예루살렘 거주와 방문이 금지되었다.

A22

⑱ 게르만족의 위협으로 수도를 로마에서 비잔틴으로 옮긴 콘스탄티누스(280-337년 재위)는 313년 기독교를 공인하고, 324년 팔레스타인을 지배하였는데, 이때 그에 의해 '엘리아 카피톨리나'는 '예루살렘'으로 다시 명명되었다. 이후로 이곳에 아랍이 이곳

을 점령하기 전까지 비잔틴 시대(324-638년)에 많은 기독교 건축물이 세워졌다.

⑲ 초기 아랍 시대(658-1099년)에 십자군이 성지를 탈환하기 전까지 이슬람의 통치를 받았다. 칼리프 오마르는 유대인의 예루살렘 출입을 허용하고, 그들에게 호의를 베풀어 회당과 율법학교를 세우는 것을 허락하였다. 이때 아랍인들에 의해 '엘-쿠즈'(el-Quds), 곧 '거룩한 성'(사 52:1)으로 불렸는데, 이로써 이 도시는 회교의 창시자 무함마드(Muhammad)의 탄생지인 메카(Mecca)와 그의 무덤이 있는 메디나(Medina)에 이어, 그의 승천지로 여겨진, 회교의 세 번째 주요 성지가 되었다. 칼리프 우마야드(Umayyad)에 의해 시작된 우마야드 왕조(661-750년)는 이곳에 종교적 주요 건축물들을 세움으로써 도시를 종교적 중심지로 만들었다. 비(非) 이슬람교도에게 관대했던 압바스(Abbasid) 왕조의 통치 시기(750-909년)와 파티미드(Fatimid) 왕조 통치 시기(910-1099년)에 예루살렘은 쇠퇴하게 되었는데, 이때 파티미드 왕조의 칼리프 알-하킴(al-Hakim)은 유대인과 기독교인을 박해하고 성묘 교회를 포함한 기독교 성지들을 파괴하였다.

⑳ 1099년 성지 탈환을 위해 유럽 지역에서 결성된 십자군을 이끈 '고드프루아 드 부용'(Godfrey de Bouillon)은 5주 동안 포위한 끝에 예루살렘을 정복하여 아랍인들을 몰아내고 십자군 시대(1099-1187년)를 열었다. 예루살렘은 1191년 악고(Acco)가 이를 대신할 때까지 '예루살렘의 라틴 왕국'으로 불렸던 십자군 왕국의 수도였다. 당시 예루살렘의 인구는 3만 명 정도였으며, 이곳에 유대교인과 이슬람교도의 거주가 허락되지 않아 대부분 주민은 프랑스 기독교인들이었으며, 통용되던 언어도 불어였다.

㉑ 1187년 아유빗(Ayyubid) 왕조를 세운 살라딘(Saladin)에 의해 점령되어 오스만 터키(Ottoman Turk)의 점령을 받을 때까지 후기 아랍 시대(1187-1517년)에 다시 아랍의 지배 아래 있었다. 유대인과 기독교인에 대하여 유화(宥和) 정책을 썼던 살라딘은 이들의 도시 거주를 허락해 주었다. 1244년 아유빗 왕조를 물리친 마믈룩(Mameluke) 왕조의 술탄들이 1517년까지 예루살렘을 통치

하였는데, 이들은 이곳을 이슬람 신학 연구의 중심지로 만들었다. 이때 예루살렘의 경제는 악화되고, 이로 인해 도시 인구도 1만 명 정도로 줄어들었다.

㉒ 1517년 이후로 1917년까지 400년 동안 오스만 터키의 지배를 받았다.

㉓ 1831년 무함마드 알리(Muhammad Ali)에 의해 잠깐 동안 이 도시는 이집트에 병합되어 외국인 선교와 영사관이 세워졌으며, 1836년 이브라힘 파샤(Ibrahim Pasha)의 허락으로 후르바(Hurva)를 비롯하여 4개의 유대인 대 회당이 세워졌다. 그러나 1840년 예루살렘은 다시 오토만 제국의 통치 아래로 들어갔다.

㉔ 제1차 세계 대전(1914–1918년) 중 1917년부터 1947년까지 영국의 위임 통치를 받았다.

㉕ 1948년 아랍인과 이스라엘인 사이에 일어난 전쟁으로 UN의 분할 결정에 따라 동서 예루살렘으로 나누어졌고 옛 도시인 동 예루살렘은 요르단의 지배 아래 놓였다.

㉖ 1967년 '6일 전쟁' 이후 고도 예루살렘은 이스라엘이 승전한 이래로 현재까지 이스라엘의 통치 아래 있다.

성경

❑ 구약성경

1) 다윗 시대

① 다윗은 여부스 사람이 살던 시온 산성을 빼앗아 다윗 성으로 부르고 밀로에서부터 안으로 성을 둘러쌓았다(삼하 5:6–9).

② 블레셋 장군 골리앗의 머리를 이곳에 두고(삼상 17:54), 소바 왕 하닷에셀의 신하들의 금 방패를 빼앗아 이곳에 두었다(삼하 8:7).

③ 다윗은 법궤를 오벧에돔의 집에서 이곳으로 가져왔으며(삼하 6:15), 여부스 사람 아라우나의 타작마당을 구입하여 하나님께 제사를 드렸다(삼하 24:18–25).

2) 솔로몬 시대

① 다윗의 아들 솔로몬은 재위 제4년에 성전 건축을 시작하여 제11년에 완공하여(왕상 6:37-38) 하나님께 봉헌함으로써(왕상 8장) 예루살렘을 신앙적 중심지로 삼았다.

② 또 13년 동안 왕궁을 건축함으로써(왕상 7:1) 왕도(王都)를 정치적 중심지로 만들고, 토성(土城)인 밀로와 예루살렘 성을 건축함으로써 예루살렘을 요새화 하였다.

③ 그러나 솔로몬이 이방 여인을 취하여 유입된 우상을 위한 산당을 예루살렘 앞산에 지음으로 인하여 예루살렘은 한 지파의 수도로 전락하게 되었고(왕상 11:7, 13), 이후로 예루살렘은 배교와 우상 숭배에 대한 하나님의 심판과 멸망, 회개와 새 소망을 선포하는 선지자들의 예언 활동의 표적이 되었다.

3) 분열왕국 시대

① 왕국 분열 후 예루살렘은 남 왕국 유다의 수도로 그 의미가 축소하게 되었고, 주변 강대국의 정세에 따라 역사의 소용돌이 속에서 흥망성쇠를 거듭하게 되었다.

② 남 유다의 초대 왕 르호보암 제5년(주전 917년)에 이집트 파라오 시삭(쇼셍크)의 침공으로 성전과 왕궁의 보물, 솔로몬의 금방패를 빼앗겼다(대하 12장). 이때 예루살렘에서 므깃도에 이르기까지 이집트가 점령한 팔레스타인 정복도시 목록이 이집트 룩소의 카르낙 신전 벽에 부조(浮彫)로 남아 있다.

③ 유다의 제12대 왕 아하스가 즉위한 때(주전 735년), 아람 왕 르신과 북 왕국 이스라엘의 왕 베가에 의해 예루살렘이 포위되었으나, 함락되지 않았다(왕하 16:2-5).

④ 이사야의 활동 당시(주전 742-700년경) 유다 왕 히스기야 제14년(주전 701년)에, 앗수르 왕 산헤립이 유다의 견고한 도시들을 침공하고 라기스에서 수하 장군 다르단과 랍사리스와 랍사게를 보내어 예루살렘을 공격하였으나, 히스기야의 간절한 기도와 이사야가 전해준 하나님의 약속으로 말미암아 이 도시는 함락되지 않았다(왕하 18-19장). 이로 인해 히스기야는 성전에서 백성과

함께 유월절을 지키며 크게 기뻐하였다(대하 30장).

⑤ 유다의 제16대 왕인 요시야(주전 640-609년)는 모든 장로들을 성전에 불러 모아 우상 숭배를 배격하고 성전에서 발견한 언약책을 백성에게 읽어 듣게 함으로써 종교개혁을 단행하였다(왕하 23장; 대하 34장).

⑥ 앗수르의 수도 니느웨가 바벨론에게 함락(주전 612년)된 후 주전 597년, 유다의 제19대 왕인 여호야긴(주전 598-597년, 3개월 통치) 때 바벨론의 느브갓네살 왕의 신복들이 예루살렘을 침공하여 비천한 자 외에 예루살렘의 백성과 지도자와 용사 만 명과 장인과 대장장이들을 바벨론으로 포로로 사로잡아 갔다(왕하 24:10-15).

⑦ 주전 587년 유다의 마지막 왕인 시드기야(주전 597-587년) 때, 바벨론 왕 느브갓네살이 예루살렘을 공격하여 진을 치고, 주위에 토성을 쌓고, 시위대장 느부사라단을 시켜 성전과 왕궁과 귀인들의 집들을 불사르게 하고, 성벽을 훼파하게 하였다(왕하 25:1-10).

4) 포로기 이후

① 바사(Persia)의 고레스(Cyrus, 주전 539-529년) 왕이 바벨론을 멸망시키고 주전 539년 칙령을 내려 유다의 예루살렘에 성전 건축을 허락함으로써 바벨론에 포로로 사로잡혀갔던 유대인들이 귀향하게 되었다(대하 36:23; 스 1:2-11). 예루살렘에 돌아온 유다와 예루살렘 주민들이 주전 515년 스룹바벨과 예수아의 감독 아래 성전을 재건하였다(스 3:8-13). 대적자들의 방해로 성전 건축 공사가 잠시 중단되기도 하였으나(스 4장), 다리오(Darius I, 주전 522-486년) 왕 제2년에 학개와 스가랴 선지자의 예언 활동으로 스룹바벨과 예수아가 다시 일어나 성전 건축을 완공한 후 유대인들은 감격적으로 유월절을 지켰다(스 5-6장).

② 성전 완공 후 약 60년이 지난 뒤, 바사 왕 아닥사스다(Artaxerxes I, 주전 465-425년) 제7년(주전 458년)에 에스라가 두 번째 귀향민을 데리고 예루살렘에 돌아와서 하나님의 말씀을 가르침으로

써 이 도시에서 회개와 신앙 개혁운동이 일어났다(스 7-10장).

③ 아닥사스다 제20년(주전 445년)에 느헤미야가 왕의 허락을 얻어 예루살렘에 이르러 무너진 성벽을 수축할 때 산발랏, 도비야, 게셈과 같은 대적자들이 일어나 방해하였음에도 불구하고 성벽 수축 공사를 완공하였다(느 2-6장).

❑ 신약성경

1) 누가복음을 제외한 복음서

① 마가복음에서는 적대자들에 의해 고난 받으심으로써 대속 제물이 되신 예수의 구속 사역을 실행하는 예수의 수난 장소이다.

② 마태복음에서는 '거룩한 성'으로 불렸으며(4:5; 27:53), 맹세물로 거명되지 말아야 하는 '큰 임금의 성'이고(5:35), 예수께서 십자가에 죽으실 때 성전 휘장이 위에서 아래까지 찢어짐으로써 예수 안에 있는 새로운 구원을 보게 되는 곳이다(27:51).

③ 요한복음에서는 예수께서 공생애 기간 중 유월절에 세 번 방문하신 곳이다(2:13; 5:1; 12:1, 13:1).

㉠ 참된 예배 장소는 사마리아인의 그리심 산이나 헤롯 왕이 46년 동안 확장 보수 공사를 하고 있었던 성전이 있는, 유대인의 예루살렘 성전이 아니라(요 4:21; 2:19-20), 참된 성전이 되신 예수 자신이었다(2:21).

㉡ 예수께서 38년 된 병자를 고쳐주신, 5개의 행각이 있던 베데스다 못이 있었다(5:1-18).

㉢ 예수께서 날 때부터 보지 못하는 사람을 고쳐주신 실로암 못이 있었다(9:1-7).

2) 누가복음과 사도행전

① 신약성경 중 누가의 복음서와 행전에서 예루살렘이 가장 강조되었다.

② 예수의 인류 구원 사역을 위한 중심지이다.

③ 누가복음은 성전에서 시작하여(1:9) 성전으로 끝난다(24:53).

④ 사도행전에서 복음이 예루살렘에서 시작하여 잠정적 땅 끝인 로마에서 끝난다(1:8; 9:26; 11:22; 18:22; 19:21; 20:22; 21:15-23:30).
⑤ 예수의 수난 장소이며 부활 및 승천의 장소이다(눅 24:1-12, 50-51).
⑥ 예수는 열두 살 때 성전을 처음으로 방문하였으며(눅 2:41-50), 성전을 깨끗하게 하셨고, '기도하는 내 집'으로 여기셨다(눅 19:45-46).
⑦ 예수의 이름으로 죄 사함을 얻게 하는 회개가 예루살렘에서 시작하여 모든 족속에게 전파된다(눅 24:47).
⑧ 베드로의 전도로 성도들이 날마다 마음을 같이 하여 성전에 모이기를 힘썼다(행 2:42).
⑨ 베드로와 요한은 기도하기 위해 성전으로 올라가다가 성전 미문에 앉아 있는 장애인을 고쳤다(행 3:1-2).
⑩ 복음을 전하던 사도들이 옥에 갇혔을 때 밤에 옥문을 열어준 천사의 말대로 성전에 가서 생명의 말씀을 전하였다(행 5:20-21).
⑪ 세 번째 선교여행을 마친 바울은 성전에서 결례를 행하였으며(행 21:26), 성전에서 기도할 때 황홀한 중에 주님을 만나 주님의 말씀을 들었다(행 22:17).
⑫ 승천하기 직전 예수께서 사도들에게 예루살렘을 떠나지 말라고 말씀하셨고(행 1:4), 성령이 임하시면 예루살렘과 땅 끝까지 주님을 전하는 증인이 될 것이라 말씀하셨다(행 1:8).
⑬ 사도들의 전도로 예루살렘에 예수 믿는 자들이 많아졌다(행 5:28; 6:7).
⑭ 사도들은 큰 박해가 있은 후에도 예루살렘을 떠나지 않았다(행 8:14).
⑮ 바울은 마게도냐와 아가야 전도를 마친 후 예루살렘으로 가기를 원했고(행 19:21), 성령의 매임을 받아 환란이 기다리지만 예루살렘으로 갔다(행 20:22; 21:11).
⑯ 요약하면, 누가에게 예루살렘은 예수 그리스도로 말미암은 구속의 발원지이자 복음 전파의 발상지였으며 선교의 중심 센터였다.

3) 서신서와 요한계시록

① 바울에 의하면, 아브라함의 두 아들로, 자유인 사라의 소생 이삭과 여종 하갈의 소생 이스마엘 비유를 통해 '지금 있는 예루살렘'(하갈)과 '위에 있는 예루살렘'(사라)이 대조되는데, '지금 있는 예루살렘'은 지상의 시내산과 동일하지만 예수를 믿는 그리스도인에게는 하나님께서 더 이상 '지금 있는 예루살렘'에 거하지 않으시며, '지금 있는 예루살렘'이 아니라 오직 '위에 있는 예루살렘'이 참 어머니이다(갈 4:24-28).

② 히브리서에서 "시온 산과 살아계신 하나님의 도성인 하늘의 예루살렘"(12:22)은 믿는 자들이 이르게 되는 곳이다.

③ 요한계시록에서는 "하나님께로부터 하늘에서 내려오는 거룩한 성 새 예루살렘"이 언급된다(3:12; 21:2, 10).

④ 위의 세 본문 모두에서 예루살렘은 예수 그리스도와 관련해서 언급되는데, 이때 예루살렘은 '지상의 예루살렘'이 아니라 성도들이 장차 들어갈 '천상의 예루살렘'으로 묘사되었다.

유적

① 오스만 터키 술레이만 대제에 의해 1537-42년 건축된 4,018m 길이의 성벽과 8개의 성문, 34개의 탑과 24개의 망루가 있다. 8개의 성문 중 욥바문, 다메섹문, 시온문은 16세기의 것이며, 헤롯문, 사자문, 황금문, 분문, 신문은 후대의 것이다.

② 무슬림 지구로 들어가는 사자문에서 100m 쯤 들어가면, 오른 편에 있는 성 안나 교회와 베데스다 못을 방문한 다음, '십자가의 길'(Via Dolorosa)을 따라 성묘 교회까지 순례할 수 있다.

③ 분문으로 들어가면 유대인 지구 광장을 만나는데, '통곡의 벽'(the Wailing Wall)으로 알려진 성전 서쪽벽(Ha-Kotel ha-Ma'aravi)에서 기도하고, 미리 예약을 하면 서쪽 벽 북쪽에 있는 입구에서 서쪽 벽 아래 지하 터널을 따라 안토니아 요새까지 투어(Western Wall Tunnel Tour)를 할 수 있다. 이곳에 1세기 당시

유적이 남아 있다.

④ 분문으로 들어가면 오른 편에 오펠 지역이 있는데, 별도의 입장료를 내면 현재 '데이비드슨 센터'(Davidson Center)가 있는 '예루살렘 고고학 공원'(Jerusalem Archaeological Park)을 둘러볼 수 있다.

⑤ 성전 서쪽 벽 광장에서 성전산으로 올라가는 램프를 따라 정해진 시간에 성전산 안으로 들어가 둘러볼 수 있다.

⑥ 광장을 포함하여 서쪽이 유대인 지구인데, 주후 70년경 유대전쟁 말기에 '제사장 카트로스의 불탄 집'(the Burnt house of Kathros), '헤롯 시대 거주지 박물관'(the Wohl Museum of Archaeology), 후르바(Hurva) 회당, 4채의 스페인-포르투갈 계 유대인 회당, 로마 시대 직가, 히스기아 시대의 성벽을 방문할 수 있다.

⑦ 다메섹 문 동편 지하에 솔로몬의 채석장이었던 '시드기아 동굴'(Zeekiah's Cave)이 있으며, 길 건너 오른 편으로 가면 록펠러 박물관을 방문할 수 있고, 길 건너편으로 북쪽 길로 조금 가면 '동산무덤'(the Garden Tomb)을 방문할 수 있다.

⑧ 아르메니아 지역에는 '안나스의 집 교회', '성 야고보 교회', '성 마가 교회' 등이 방문할 만하다. '안나스의 집 교회'는 가야바의 장인 안나스(요 18:13)의 집에 세워진 비잔틴 시대의 바실리카 교회이다. '성 야고보 교회'는 아르메니아 교회 전승에 의하면 예수의 동생 야고보와 주후 44년 헤롯 아그립바 I세(41-44년)에 의해 참수 당한 요한의 형제 야고보(행 12:1-2)의 무덤이 있는 곳에 세워진 교회이다. '성 마가 교회'는 시리아 정교회 중심 교회로 6세기 당시 교파 창시자 제코비스의 이름을 따서 제코빗이라고도 부르는데, 시리아 정교회 전승에 의하면, 이곳이 최후의 만찬 장소이자 120문도 기도 시 성령 강림 장소이다.

⑨ 욥바문 근처에 '다윗 망대'가 있는데, 여기서 제1성전 시대의 유적이 발견되었으며 헤롯 당시에는 세 망대가 있었고, 비잔틴 시대, 이슬람 시대, 오토만 시대를 거쳐 군사적 요충지였다. 다윗과는 관련이 없는 망대이며, 이곳 박물관은 예루살렘 3천년의 역

사를 알 수 있도록 유물을 전시하고 있다. 욥바문에서 시온문을 거쳐 분문 쪽으로 성벽 투어를 할 수 있으며, 다메섹문 쪽으로도 성벽 투어가 가능하다.

⑩ 시온문 밖의 시온산 지역에는 베드로 통곡 교회(Church of St. Peter in Gallicantu), 다윗의 가묘, 마가의 다락방, 마리아 영면 교회, 가야바의 집 등의 유적이 있다.

⑪ 분문 밖 다윗성 지역은 현재 국립공원으로 지정되어 있는데, 예루살렘을 둘러싸고 있는 산들을 조망할 수 있는 전망대(Beit Hatzofeh Lookout, 시 125:2), 다윗궁의 석조 구조물(삼하 5:11), 왕궁 지역(계단식 석재구조물 축대, 아히엘의 집, 불탄 방, 봉인의 집, 느헤미야 성벽), 고대 무덤 전망대, 워렌 수직갱(Warren's Shaft), 비밀 터널, 가나안 못과 요새와 망대, 기혼(Gihon) 샘, 가나안 수로, 533m의 히스기아 수로, 고대 예루살렘 성벽, 다윗가의 무덤들(왕상 2:10), 실로암 못, 비잔틴 시대 실로암 못, 하수로 등을 방문할 수 있다.

⑫ 그 외 서(西) 예루살렘 지역에 있는 이스라엘 박물관과 유대인 학살 기념관인 야드바쉠은 방문할 만하다.

예루살렘 구(舊) 도시(Old City)

❑ 개요

① 오스만 터키의 술레이만 대제(Suleiman I)에 의해 1535-38년에 건축된 성벽 안에 있는 도시로 현재 동 예루살렘이다.

② 히브리어로 '하-이르 하-아티카'(ha-'Ir ha-'Atiqah), 아랍어로는 '알-발다 알-카디마'(al-Balda al-Qdimah)로 불리는데, 그 의미는 '옛(고대) 도시'이다.

③ 성벽은 길이 4,018m, 평균 높이 12m, 평균 두께 2.5m, 면적 약 0.9㎢로, 34개의 망대와 8개의 성문을 가지고 있다.

④ 19세기 이래로 네 지역, 곧 유대인 지역(Jewish Quarter), 기독

교인 지역(Christian Quarter), 무슬림 지역(Muslim Quarter), 아르메니아 지역(Armenian Quarter)으로 나누어져 있다.

⑤ 1948년 아랍-이스라엘 전쟁 후 요르단 사람과 유대인이 거주하였으며, 1967년 6일 전쟁 이후로 이스라엘의 영토에 편입되고, 서(西) 예루살렘과 통합하였다.

⑥ 현재 동 예루살렘은 유엔 안전보장이사회 결의안(478)에 의해 국제사회에서 점령된 팔레스타인 영토로 여겨진다.

⑦ 1981년 현재의 성벽과 성 안의 도시는 유네스코 세계유산 유적지로 등재되어 있다.

❑ 성벽의 역사

① 청동기 중기인 족장시대 거주민이었던 여부스 인들이 성채를 건설하였는데, 그 일부 성벽유적이 히스기야 터널 위쪽에 남아 있다.

② 다윗이 여부스 족의 시온 산성을 빼앗아 이를 다윗성이라 명명하고(삼하 5:7), 밀로에서부터 안으로 성을 쌓아 확장하였다(삼하 5:9).

③ 솔로몬은 성전을 건축하고 이를 방어하기 위해, 성을 확장하였다(왕상 9:15).

④ 제1성전기(주전 1,000-586년)에 성은 북서쪽으로 확장되었다.

⑤ 제2성전 건축 완공 후 아닥사스다 I세(주전 464-424년)의 명으로 파괴되어 예루살렘 성벽은 느헤미야에 의해 주전 445년 10월 재건되었다.

⑥ 하스모니아 시기(주전 140-37년)에 성벽이 확장되고 개수되었다.

⑦ 헤롯 대왕(주전 37-4년)은 서쪽 언덕을 포함하여 성벽을 확장하였다.

⑧ 헤롯 아그립바 I세(주후 41-44년)가 착공한 제3성벽은 유대-로마 전쟁 발발 직전에 완공되었는데, 그 유적 일부가 남아 있다.

⑨ 예루살렘 함락(주후 70년) 후 성벽은 파괴되었으며, 주후 2세기

엘리아 카피톨리나 시기에 부분적으로 복원되었다.

⑩ 1033년 동로마 제국 황후 엘리아 유도키아(Aelia Eudocia)에 의해 지진으로 무너진 성벽은 대대적으로 보수되었다.

⑪ 1099년 십자군의 성지 탈환으로 성벽이 재건되었다.

⑫ 1187년 십자군이 재건한 성벽은 살라딘에 의해 파괴되었다.

⑬ 살라딘의 조카 알-말릭 알-무아잠 이사는 성벽 재건을 명하고 1219년 대부분의 망대가 세워졌을 무렵, 십자군의 재탈환 시 요새가 제공될 것을 두려워하여 공사를 중단하였다.

⑭ 그 후 3세기 동안 성전산을 둘러싸고 있던 성벽이 예루살렘의 유일한 성벽이었다.

⑮ 1535-38년 오스만 터키의 술탄 술레이만에 의해 현재의 성벽이 재건되었다.

❑ 무슬림 지역(Muslim Quarter)

① 네 지역 중 북동쪽에 위치해 있으며 가장 넓다.

② 북쪽으로 다메섹문, 동쪽으로 스데반문이 있다.

③ 2005년 현재, 거주민은 22,000명이다.

④ 1929년 이래로 다른 지역처럼 무슬림, 유대인, 기독교인이 함께 거주한다.

⑤ **다메섹문**(Damascus Gate)

ⓐ 히브리어로 '세겜문'이란 뜻의 '샤아르 쉬켐'(Sha'ar Sh'khem), 아랍어로는 '기둥문'이란 뜻의 '밥 알-아무드'(Bab al-Amud)이며, '나블루스문'으로도 불린다.

ⓑ 주후 2세기 로마 광장 가운데, 꼭대기에 하드리아누스 황제상이 세워진 원형의 기둥이 세워져 있었다.

ⓒ 이 광장과 기둥은 주후 6세기 마다바(Madaba) 고대 지도에도 묘사되어 있다.

ⓓ 2세기 성문의 상인방돌에 당시 성읍명인 '엘리아 카피톨리나'가 새겨져 있었는데, 16세기 이래 술레이만 대제를 기념하는 글귀가 새겨져 있다.

ⓔ 10세기에 재건된 8개 성문 중 오늘날까지 남아 있는 유일한 성문으로, 현재의 성문은 1537년 오스만 터키 당시 재건된 것이다.

ⓕ 8개 성문 중 가장 화려하고 아름답다.

ⓖ 로마 시대에 이 문에서 남쪽으로 두 개의 직가(直街)가 나있었다.

⑥ **헤롯문**(Herod's Gate)

ⓐ 현재 북쪽 성벽 동편에, 또 다메섹문 동편에 위치해 있으며, 두 성문 사이에 솔로몬 당시 채석장으로 쓰였던 '시드기아 동굴'이 있다.

ⓑ 성문 윗벽에 새겨진 장미꽃 모양의 조각 장식 때문에 히브리어로 '화문'(花門)이란 뜻의 '샤아르 하페라킴'(Sha'ar Ha-Perachim)으로 불리며, '헤롯문'(Sha'ar Hordos)으로도 불렸고, 아랍어로는 '밥 알-사히라'(Bab al-Sahira)로 불린다.

ⓒ '헤롯문'이란 명칭은 예수께서 십자가에서 처형될 당시 헤롯 안디바의 집이 있었다는 지점에 십자군 시대에 한 교회가 세워진데서 유래 되었다. 오늘날 그 교회 자리에 '디르 알 아드스'(Dir Al Ads) 교회가 있다.

ⓓ 술레이만 당시 현재의 위치 앞에 작은 쪽문이 있었다.

ⓔ 이 문은 1875년 통행의 편리함을 위해 건축하였다.

⑦ **스데반문**(St. Stephen's Gate)

ⓐ 히브리어로 '사자문'이란 뜻의 '샤아르 하-아라욧'(Sha'ar Ha-A'rayot), 아랍어로는 '밥 알-아스밧'(Bab al-Amud)으로 불리며, 스데반문(St. Stephen's Gate)이나 양문(Sheep Gate), 또는 여호사밧(기드론) 골짜

TIP

성전산 동편 성벽의 황금문 Golden Gate

① 히브리어로 '자비의 문'이란 뜻의 '샤아르 하-라하밈'(Sha'ar Ha-Rachamim), 아랍어로는 '밥 알-라마'(Bab al-Rahma)로 불리며, '영생의 문'으로 불리기도 한다. 호화롭게 장식되어 '미문'(Beautiful Gate) 또는 '황금문'으로도 불렸다.

② 술레이만이 현재의 예루살렘 성벽을 쌓을 때 만든 황금문을 1541년 벽으로 막아 여덟 개의 성문 가운데 유일하게 닫혀 있는 문이다.

③ 길이 24.6m, 폭 17.25m, 양편으로 두 개의 버팀 돌기둥이 있으며, 두 개의 쌍문으로 구성되어 있는데, '자비의 문'과 '회개의 문'이 그것이다.

④ 전승에 의하면, 유대인들은 메시아가 올 때에 이 문이 열린다고 믿는다(겔 44:1-3).

⑤ 회교도들은 마지막 심판이 이곳에서 일어나며, 그때 이곳 가까이 묻혀있는 자들이 부활한다고 믿는다.

⑥ 이 성문의 맞은편은 기드론 골짜기 너머 감람산에 유대인의 공동묘지가 위치해 있다.

⑦ 기독교 묵시전승에 의하면, 마리아의 부모인 요아킴과 안나가 여기서 만났다고 하며, 예수께서 종려주일에 이 문을 지나갔다고 한다.

⑧ 현재 문은 초기 성문 자리에 로마 유스티니아누스 황제 때 주후 520년경 세워진 것이거나 우마야드(Umayyad)에 의해 고

기로 가는 '여호사밧문'이나 '지파들의 문'으로도 불린다.

ⓑ 동쪽 성벽에 위치해 있으며 감람산과 마주보고 있다.

ⓒ 제2성전기에 성전 제물로 바치는 짐승이 통과하여 '양문'(요 5:2)으로도 불렸다.

용된 비잔틴 장인에 의해 주후 7세기경 건축되었다고 한다.
⑨ 성서 시대에는 제의적 목적으로 만든 문이었다.

ⓓ 이 성문 밖에 초기 교회의 스데반이 근처에서 돌에 맞아 순교하여 기독교인들은 스데반문으로 부르며(행 7:60), 아랍 사람들은 근처에 마리아의 무덤이 있다고 하여 '마리아의 문'(Bab Sittna Maryam)으로도 부른다.

ⓔ 1538-39년 술레이만 당시 성문 위 중앙 성벽 좌우에 두 마리씩 새겨진, 네 마리의 '표범'(사자로 오인됨) 양각상으로 인해, 사자문(The Lion's Gate)으로도 불렸다.

ⓕ 1920년 영국군이 차량 통행이 가능하도록 확장했던 이 문은 1967년 6일 전쟁 당시 이스라엘 민병대가 예루살렘을 점령을 위해 진입했던 주 통로였다.

ⓖ 예루살렘 시의 문장인 사자는 성경에서 유다 지파를 의미하는 상징이었다(창 49:9).

ⓗ 사자문으로 들어서면 '성 안나교회'와 '베데스다 못'을 방문한 후, '십자가의 길'(via dolorossa)을 순례할 수 있다.

❑ 유대인 지역(Jewish Quarter)

① 네 지역 중 남쪽에 위치해 있으며, 서쪽으로 아르메니아 지역과 경계를 두고 있고, 직가를 따라 북쪽으로 이어지며, 동쪽으로는 성전산 서쪽 벽과 만난다.

② 주전 8세기 이래로 유대인이 거주했던 지역으로 고고학 발굴이 이루어졌다.

③ 1948년 유대인이 거주하였으나 아랍인들에 의해 회당을 비롯하여 이 지역이 완전히 파괴되어 요르단의 치하에 있었다.

④ 1967년 6일 전쟁 시 이스라엘 민병대에 의해 점령된 후, 이스라

엘 당국은 성전 서쪽 벽 접근이 가능하도록 인접해있던 모로코인 지역(Moroccan Quarter)을 해체하였다.

⑤ 2004년 현재 유대인 거주자는 2,400명 정도이다.

⑥ 히브리 대학교 고고학 교수 아비가드(Nahman Avigad)의 발굴 이후 재건되었다.

⑦ **분문**(Dung Gate)

ⓐ 히브리어로 '분문'이란 뜻의 '샤아르 하-아쉬폿'(Sha'ar Ha-A'shpot), 아랍어로는 '밥 알-마가리바'(Bab al-Maghariba)이며, 실로암이 있는 실완 마을로 가는 실완문(Gate)으로도 불린다.

ⓑ 느헤미야의 성벽 건축 당시 '샤아르 하-아쉬폿' 명칭으로 불렸으나(느 3:13-14), 지금의 위치와는 자리가 달랐을 것으로 추정한다. 고대에는 성안의 오물을 내다버렸던 힌놈의 골짜기의 쓰레기장으로 나가는 성문이었다(느 2:13).

ⓒ 예레미야 당시 여기서 힌놈의 골짜기로 내려가는 길이 있었으며, '하시드문'(= 질그릇 조각의 문)으로도 불렸다(렘 19:2).

ⓓ 1538-40년에 건설되었으며, 남쪽 성벽의 동쪽에 위치해 있는 성문이다.

ⓔ 요르단 통치 당시 1948년 욥바문이 봉쇄된 후 1952년 확장되었으며, 1967년 이스라엘에 의해 중수되었다.

ⓕ 성전 서쪽 벽에 가장 가까이 있는 성문으로, 이 문으로 통과하면 성전 서쪽 지역이며, 유대인 지구에서 성전산으로 갈 때 무그라비(Mughrabi) 문(모로코 문)을 통과해야 하나 유대인은 통행할 수 없다.

⑧ **시온문**(Zion Gate)

ⓐ 현재 남쪽 성벽의 서쪽에 위치해 있으며 시온 산 가까이 있어 '시온문'으로 불렸다.

ⓑ 히브리어로 '시온문'이란 뜻의 '샤아르 찌온'(Sha'ar Zion), 아랍어로 '밥 사히운'(Bab Sahyun)으로 불리며, 아랍어로 '유대인 지역의 문'이란 의미로 '밥 하랏 알-야후드'(Bab Harat al-Yahud) 또는 '선지자 다윗의 문'이란 뜻의 '밥 안-나비 다우

드'(Bab an-Nabi Dawud)로도 불린다.

ⓒ 무슬림들은 이 문을 통해 성 밖으로 나가 근처에 있는 다윗의 무덤을 방문했다.

ⓓ 1540년 술레이만 대제에 의해 건축되었으며, 상인방에 이를 기념하는 글귀가 남아있다.

ⓔ 1948년 아랍-이스라엘 전쟁 당시 총탄 자국이 남아 있다.

ⓕ 1967년 이스라엘에 의해 중수되었다.

⑨ 유대인 지구 광장에 '통곡의 벽'으로 알려진 성전 서쪽벽이 남아 있으며, 성전산 남쪽으로 예루살렘 고고학 공원으로 조성된 '오펠' 지역이 있고, 유대인 지구에 주후 70년경 '제사장 카트로스의 불탄 집', '헤롯 시대 거주지 박물관', 후르바 회당, 스페인-포르투갈 계 유대인 회당, 로마 시대 직가, 히스기아 시대의 성벽이 남아 있다.

❑ 기독교인 지역(Christian Quarter)

① 구 도시의 북서 지역이며, 북쪽 성벽에는 신(新)문이, 서쪽 성벽에는 욥바문이 있다.

② 서쪽 벽을 따라 욥바문까지, 남쪽 경계는 욥바문-성전 서쪽벽 길, 동쪽은 다메섹까지 무슬림 지구와 경계를 이루고 있다.

③ 이 지역 안에 기독교의 최대 성지인 성묘 교회가 있다.

④ 욥바문(Jaffa Gate)

ⓐ 현재 서쪽 성벽의 서쪽 중앙에 위치해 있으며, 광장에 이스라엘 거리측정 원점이 있다.

ⓑ 히브리어로 '욥바문'이란 뜻의 '샤아르 야포'(Sha'ar Yafo), 아랍어로 '친구의 문'이란 뜻의 '밥 엘-칼릴'(Bab el-Khalil), '다윗 기도벽감의 문'이란 뜻의 '밥 미흐랍 다우드'(Bab Mihrab Daud) 또는 '밥 엘-다우드'(Bab el-Daud)로 불린다.

ⓒ '친구의 문'에서 (하나님의) 친구는 헤브론에 장사되었던 아브라함을 가리키며, 이로 인해 '헤브론문'으로도 불렸다.

ⓓ 욥바문 남쪽에 성채를 건축한 십자군은 이를 '다윗문'으로도

불렀다.

ⓔ 1538년 술레이만 대제에 의해 재건되었으며, 상인방에 이를 기념하는 아랍어 글귀가 남아있다. 옛 기념비문 아래 1970년에 '예루살렘 성이 보수됨'(느 4:7)이란 히브리어와 아랍어 문구가 추가되었다.

ⓕ 1898년까지 욥바문과 고대 성채인 '다윗망대' 사이에 성벽이 있었으나, 독일 황제 빌헬름(Wilhelm) II세의 방문 시 말이 지날 수 있도록 길을 내어 현재의 도로가 생겼다.

ⓖ 다윗망대는 주전 2세기 고대 예루살렘 방어에서 전략적 취약점이었던 이 지점에 세워진 요새인데, 기독교인, 무슬림, 마믈룩, 오토만에 의해 차례로 파괴와 재건이 반복되었다.

ⓗ 다윗 망대는 현재 2,700년 동안의 고고학 유물이 전시된 박물관이다.

ⓘ 여기서 성벽 위를 걷는 도보 여행(Rampart Tour)을 할 수 있다.

ⓙ 1917년 영국군 알렌비 장군이 이 문을 통하여 입성하였다.

ⓚ 1948년 아랍-이스라엘 전쟁 이후 봉쇄되었다.

ⓛ 1967년 6일 전쟁으로 이스라엘이 구 도시를 점령한 이래로 다시 사용되고 있다.

⑤ 신문(New Gate)

ⓐ 현재 북쪽 성벽의 서쪽에 위치해 있으며, 히브리어로 '새로운 성문'이란 뜻의 '하샤아르 헤하다쉬'(Ha-Sha'ar He-Chadash), 아랍어로 '알-밥 알-제디드'(Al-Bab al-Jedid)로 불린다.

ⓑ 술레이만 때 만들어지지 않은 유일한 성문이다.

ⓒ 기독교 순례자들은 욥바 항구에 도착하여 이 문으로 예루살렘에 입성하였다.

ⓓ 유럽 강대국들의 요구로 이 지역에 거주하는 기독교인들이 성밖의 기독교인들과 교통하기에 용이하도록 1889년 오토만 제국의 압둘 하미드(Abdul Hamid II) 황제가 건축한 성문이다.

ⓔ 이 문을 통과하여 입성하면 순례자들의 숙소가 있었다.

ⓕ 1948년 요르단에 의해 봉쇄되었다가, 1967년 6일 전쟁 후 통행이 재개되었다.

❑ 아르메니아 지역(Armenian Quarter)

① 구 도시의 남서 지역이며, 크기가 네 지역 중 가장 작다.
② 아르메니아인들은 기독교인이지만, 기독교 지역과 구별된 지역에 거주한다.
③ 1948년 아랍–이스라엘 전쟁 이후로 요르단 서안 지구에 속하였는데, 요르단은 아르메니아인들과 다른 기독교인들에게 사립학교에서 성경과 쿠란을 가르치는 시간을 동일하게 하였고 교회의 자산 확장을 제한하였다.
④ 현재 예루살렘에 약 3천 명의 아르메니아인이 거주하는데, 그 중 약 500명이 구 도시에 살고 있다.
⑤ 1975년 이래 아르메니아인 정교회 신학교가 이 지역에 있다.
⑥ 이 지역에 야고보의 탄생지로 알려진 곳에 세워진 '성 야고보 교회', 시리아 정교회의 중심지인 '성 마가교회', '안나스의 집 교회'가 있다.

십자가의 길 (Via Dolorosa)

❑ 개요

① 라틴어로 '고난의 길', 또는 '슬픔의 길'이라는 뜻이다.
② 예수께서 십자가를 지고 걸어가신 길을 기념하여 프란체스코 수도회에 의해 이름 붙여진 순례의 길이다.
③ 현재 예루살렘 구 도시 안에 위치해 있다.
④ 두 구역, 곧 '십자가의 길'과 '성묘 교회'로 구분될 수 있다.
⑤ 십자가의 길은 안토니아 요새 자리에서 성묘 교회까지 이르는

600m의 길이다.

⑥ 프란체스코 교회 전통에 따라 15세기 말 이후로 순례 처소는 모두 14개로 구분되어 있다.

⑦ 그 중 9개 처소는 라틴어 수자와 십자가로 표시되어 있다.

⑧ 나머지 5개 처소는 '성묘 교회' 안에 있다.

⑨ 현재 고난의 길은 18세기 이래 순례자들이 걷는 길이다.

⑩ 현재 구 도시 무슬림 지구 안에 시장 통로를 지나가는 길이라 순례를 위해서는 이른 아침에 방문하는 것이 좋다,

제1지점 **빌라도 법정: 안토니아 요새(Fortress of Antonia)**

• **묵상 말씀**: 새벽에 대제사장들이 즉시 장로들과 서기관들 곧 온 공회와 더불어 의논하고 예수를 결박하여 끌고 가서 빌라도에게 넘겨주니 빌라도가 묻되 네가 유대인의 왕이냐 예수께서 대답하여 이르시되 네 말이 옳도다 하시매 대제사장들이 여러 가지로 고발하는지라 빌라도가 또 물어 이르되 아무 대답도 없느냐 그들이 얼마나 많은 것으로 너를 고발하는가 보라 하되 예수께서 다시 아무 말씀으로도 대답하지 아니하시니 빌라도가 놀랍게 여기더라(막 15:1–5)

① 사자문(스데반문)을 통해 도로를 따라 100m 쯤 성안으로 들어가면 도로 왼쪽으로, 예루살렘 성전산 북쪽에 있던 성채다.

② 로마 시대 유대 총독 빌라도의 법정이 있던 곳이다.

③ 헤롯 왕(Herod the Great)이 예루살렘 성전을 재건할 때 지었던 성채로, 친구인 마크 안토니(Mark Antony)의 이름을 따서 '안토니아 성채'로 불렀다.

④ 예수께서 본디오 빌라도에게 사형선고를 받은 장소로 십자가의 길(via dolorosa)의 출발점이다.

⑤ 현재 아랍인 초등학교인 알 오마리아(Al Omariya) 학교가 자리잡고 있는데, 여기에 빌라도가 자신의 무죄를 나타내기 위해 손을 씻었다고 전해지는 돌그릇이 있다.

제2지점 예수께서 십자가를 지신 곳

아랍 초등학교 맞은편에 프란체스코 수도회 소속의 '선고 교회'와 '채찍질 교회'가 있다.

• **묵상 말씀**: 총독이 재판석에 앉았을 때에 그의 아내가 사람을 보내어 이르되 저 옳은 사람에게 아무 상관도 하지 마옵소서 오늘 꿈에 내가 그 사람을 인하여 애를 많이 태웠나이다 하더라 대제사장들과 장로들이 무리를 권하여 바라바를 달라 하게 하고 예수를 죽이자 하게 하였더니 총독이 대답하여 이르되 둘 중에 누구를 너희에게 놓아 주기를 원하느냐 이르되 바라바로소이다 빌라도가 이르되 그러면 그리스도라 하는 예수를 내가 어떻게 하랴 그들이 다 이르되 십자가에 못 박혀야 하겠나이다 빌라도가 이르되 어찜이냐 무슨 악한 일을 하였느냐 그들이 더욱 소리 질러 이르되 십자가에 못 박혀야 하겠나이다 하는지라 빌라도가 아무 성과도 없이 도리어 민란이 나려는 것을 보고 물을 가져다가 무리 앞에서 손을 씻으며 이르되 이 사람의 피에 대하여 나는 무죄하니 너희가 당하라 백성이 다 대답하여 이르되 그 피를 우리와 우리 자손에게 돌릴지어다 하거늘 이에 바라바는 그들에게 놓아 주고 예수는 채찍질하고 십자가에 못 박히게 넘겨주니라(마 26:19-26)

✞ **선고 교회**(Church of the Condemnation)

① 원래 비잔틴 교회가 있었으며, 후에 모스크로 바뀌었다.
② 1904년 교회가 복구되었는데 5개의 하얀 돔(dome) 천정을 가지고 있다.
③ 제단 뒤 성화는 빌라도의 사형 언도 장면을 담고 있다.
④ 고린도 양식의 주두를 가지고 있는 네 개의 분홍 빛 대리석 기둥이 천정을 지지하고 있다.

• **묵상 말씀**: 이에 빌라도가 예수를 데려다가 채찍질하더라 군인들

이 가시나무로 관을 엮어 그의 머리에 씌우고 자색 옷을 입히고 앞에 와서 이르되 유대인의 왕이여 평안할지어다 하며 손바닥으로 때리더라(요 19:1–3)

• **묵상 말씀**: 이에 총독의 군병들이 예수를 데리고 관정 안으로 들어가서 온 군대를 그에게로 모으고 그의 옷을 벗기고 홍포를 입히며 가시관을 엮어 그 머리에 씌우고 갈대를 그 오른손에 들리고 그 앞에서 무릎을 꿇고 희롱하여 이르되 유대인의 왕이여 평안할지어다 하며 그에게 침 뱉고 갈대를 빼앗아 그의 머리를 치더라(마 26:27–30)

✞ 채찍질 교회(Church of the Flagellation)

① 로마 시대 사형선고 받은 죄수에게 내려진 형벌로 예수께서 가죽끈으로 된 채찍에 매질(flagellia)을 당하셨던 곳에 세워진 기념교회이다.
② 십자군 시대 세워졌으며, 17세기에 마구간으로 사용되다가, 후에 직물 가게였다.
③ 1839년 프란체스코 수도회에 의해 복구되었다.
④ 1927년 이탈리아 건축가 안토니오 발루찌(Antonio Baluzzi)에 의해 중세풍으로 수리되었다.
⑤ 제단을 중심으로 삼면을 장식하고 있는 색유리(stained glass)는 관련된 성경 이야기(빌라도 총독이 손 씻는 장면, 바라바가 자신의 방면에 놀라는 장면, 예수 머리에 가시관이 씌워지는 장면)를 담고 있다.
⑥ 교회 옆 건물에 1902년 개장되었다가 1924년 이곳에 자리 잡은 프란체스코 수도회 소속의 고고학 박물관이 있으며, 주로 제2성전 시대의 유물이 전시되어 있다.

A22

✞ 에케 호모 교회(Ecce Homo Basilica)

• **묵상 말씀**: 빌라도가 다시 밖에 나가 말하되 보라 이 사람을 데리

고 너희에게 나오나니 이는 내가 그에게서 아무 죄도 찾지 못한 것을 너희로 알게 하려 함이로다 하더라 이에 예수께서 가시관을 쓰고 자색 옷을 입고 나오시니 빌라도가 그들에게 말하되 '보라 이 사람이로다' (Ecce homo!) 하매(요 19:4-5)

① 빌라도가 예수를 가리켜 '보라 이 사람이로다'라고 말한 곳에 세워진, 가톨릭 '시온 수녀원'(Notre Dame de Sion, Sisters of Zion) 소속의 기념 교회다.
② 교회 지하에 로마 하드리아누스가 '엘리아 카피톨리나'(Aelia Capitolina)로 명명된 예루살렘 성으로 들어가는 동쪽 성문의 일부 아치가 남아있는데, 이는 빌라도가 예수를 유대인들에게 넘겨주었던 곳으로 전해지는 곳이다.
③ 에케 호모 아치는 원래 하드리아누스가 주후 135년 세웠던 삼중 아치 개선문의 일부였다.
④ 이 교회 지하에 빌라도가 재판석에 앉아 예수를 심문했던 '깐 뜰' (Lithostrōtos, 히브리어로 Gabbatha)이 있는데(요 19:13), 이는 하드리아누스 당시에 포장된 뜰이다.
⑤ '깐 뜰'에 로마 군인들이 즐겼던 놀이판도 새겨져 있다.
⑥ 1850년대 기독교로 개종한 프랑스계 유대인(Ratisbonne)이었던 마리 알퐁스(Marie Alphonse)가 구입했던 유적지에 1868년 완공된 교회가 세워졌다.

제3지점 예수께서 처음으로 쓰러지신 곳

• **묵상 말씀**: 희롱을 다한 후 홍포를 벗기고 도로 그의 옷을 입혀 십자가에 못 박으려고 끌고 나가니라(마 27:31)
• **묵상 말씀**: 이로 말미암아 내가 우니 내 눈에 눈물이 물같이 흘러내림이여 나를 위로하여 내 생명을 회복시켜 줄 자가 멀리 떠났음이로다 원수들이 이기매 내 자녀들이 외롭도다(애 1:16)

① 성경에는 나타나지 않는 곳이다.
② 엘 와드(El-Wad) 도로 모퉁이에 제2차 세계 대전 동안 폴란드 군인들과 피난민들이 세운 소 예배당이 있는 곳이다.
③ 입구 위에 십자가를 지고 가다가 그 무게로 인해 쓰러지신 예수상은 타데우스 질린스키(Thaddeus Zielinsky)의 작품이다.

제4지점 예수께서 모친 마리아를 만난 곳

• **묵상 말씀:** 시므온이 그들에게 축복하고 그의 어머니 마리아에게 말하여 이르되 보라 이는 이스라엘 중 많은 사람을 패하거나 흥하게 하며 비방을 받는 표적이 되기 위하여 세움을 받았고 또 칼이 네 마음을 찌르듯 하리니 이는 여러 사람의 마음의 생각을 드러내려 함이니라 하더라(눅 2:34-35)

① 성경에는 언급되지 않는 곳이다.
② 아르메니아 가톨릭 소속의 슬픔에 북받치는 마리아 교회(Church of Our Lady of the Spasm)가 있다.
③ 현 기념교회 지하에 주후 4세기에 제작된 한 켤레 신발자국의 모자이크가 새겨져 있다.

제5지점 구레네(Cyrene) 시몬이 예수 대신 십자가를 진 곳

• **묵상 말씀:** 마침 알렉산더와 루포의 아버지인 구레네 사람 시몬이 시골로부터 와서 지나가는데 그들이 그를 억지로 같이 가게 하여 예수의 십자가를 지우고(막 15:21)

① 제5지점이라는 표가 새겨진 곳에 1895년 구레네 출신의 시몬을 기념하는 작은 예배당이 세워졌다.
② 1229년에 프란체스코 사람들이 초기에 거주했던 곳이다.
③ 구레네 시몬은 시골에서 예루살렘을 방문했던 알렉산더와 루포

의 부친이었다(막 15:21).

④ 프란체스코 교단 소속의 예배처 입구 석조 상인방에 지점을 표시한 라틴어 수자(V)와 "구레네 시몬이 십자가를 졌다"(Simoni Cyrenaeo crux imponitur)는 라틴어 글귀가 새겨져 있다.

⑤ 여기서부터 골고다 언덕으로 올라가는 길이 시작된다.

⑥ 예배당 건물 전면 오른편 구석에 예수께서 손을 짚으신 자국이라고 전해지는 돌이 있다.

⑦ 전승에 의하면, 예배소 옆은 '악한 부자'(눅 16:19)의 집이며, 이는 오토만 시대에 군인병원으로 사용되었다.

제6지점 베로니카(Veronica)가 수건으로 예수의 얼굴을 닦은 곳

• **묵상 말씀**: 여호와는 네게 복을 주시고 너를 지키시기를 원하며 여호와는 그의 얼굴을 네게 비추사 은혜 베푸시기를 원하며 여호와는 그 얼굴을 네게로 향하여 드사 평강 주시기를 원하노라 할지니라 하라(민 6:24-26)

① 전승에 의하면, 12년 동안 앓던 혈루증을 고침 받았다고 전해지는 베로니카가 수건으로 예수의 얼굴에서 피와 먼지를 닦았던 곳이다.

② 베로니카가 살던 집 대지를 그리스 가톨릭 교회가 1895년 매입하여 베로니카 기념 교회를 세웠으며 이를 1953년에 수리하였다.

③ 베로니카가 예수의 얼굴을 닦은 것으로 여겨지는 수건의 복제물이 교회 안에 있다.

④ 진품으로 여겨지는 수건은 로마의 성 베드로 성당에 있다.

⑤ 예배당 제단은 일곱 가지를 가진 촛대인 메노라(menorah)로 장식되어 있다.

⑥ 바닥에는 주후 6세기에 지어졌던 성 코스마스와 다미안 수도원 유적이 남아 있다.

제7지점 예수께서 두 번째 쓰러지신 곳

• **묵상 말씀**: 내 마음이 심히 고민하여 죽게 되었으니 너희는 여기 머물러 깨어 있으라(막 14:34)

① 하드리아누스 당시 로마의 직가(Cardo Maximus)와 동서대로 (Cardo Decumanus)가 만나는 지점에 있다.
② 포로기 직후 느헤미야 당시 이 자리에 북쪽으로 향하는 에브라임 문과 남쪽으로 가는 어문(Fish Gate) 사이에 '옛 문'(Old Gate)이 있었다(느 12:39).
③ 이 문에 예수에 대한 사형언도문의 복사본이 붙어 있었다고 하여, 후에 그리스도인들은 이 문을 '심판의 문'으로 불렀다.
④ 성경에는 언급되지 않은 곳으로, 예수께서 두 번째 쓰러지신 곳이라고 알려져 있다.
⑤ 프란체스코 교단이 세운 예배처가 있으며, 내부에 예수의 사형 선고장이 붙었던 곳으로 여겨지는 로마 시대의 기둥 하나가 남아 있다.

제8지점 예수께서 우는 여인들을 위로하신 곳

• **묵상 말씀**: 예수께서 돌이켜 그들을 향하여 이르시되 예루살렘의 딸들아 나를 위하여 울지 말고 너희와 너희 자녀를 위하여 울라(눅 23:28)
• **묵상 말씀**: 딸 예루살렘이여 내가 무엇으로 네게 증거하며 무엇으로 네게 비유할까 처녀 딸 시온이여 내가 무엇으로 네게 비교하여 너를 위로할까 너의 파괴됨이 바다 같이 크니 누가 너를 고쳐 줄소냐(애 2:13)

① 제7처가 있는 '축 칸 엣 제이트'(Zuk Khan ez Zeit) 거리에서 오른 쪽으로 올라가는 '아카밧 엘 칸카'(Aqabat el Hospice) 도로상에 위치해 있다.

② '독일 성 요한 요양원'(German Hospice of St. John)을 지나면 바로 나타나는 그리스 정교회 소속 '성 카라람보스 수도원'(Convent St. Charalambos) 벽에 있다.
③ 벽에 라틴 십자가와 '그가 승리하셨다'(NIKA)라는 라틴어 단어가 새겨져 있다.
④ 십자가 사건 이후 40년이 지나 로마의 디도(Titus) 장군에 의해 예루살렘이 함락되고 성전이 훼파되었는데, 예수 당시 이곳은 예루살렘 성 밖에 위치했다.

제9지점 예수께서 세 번째 쓰러지신 곳

• **묵상 말씀**: 예수께서 대답하여 이르시되 인자가 영광을 얻을 때가 왔도다 내가 진실로 진실로 너희에게 이르노니 한 알의 밀이 땅에 떨어져 죽지 아니하면 한 알 그대로 있고 죽으면 많은 열매를 맺느니라(요 12:23-24)

① 전승에 의하면, 성묘 교회 경내 콥트 정통교회 입구 왼편에 놓여 있는 로마 시대 기둥이 예수께서 세 번째 쓰러지신 곳이다.
② 제9지점 근처 콥트 관구 관할 지역 안에 아르메니아 교회에 소속된 '성 헬레나 예배소'(St. Helena Chapel)의 돔 지붕이 있다.
③ 이곳에서부터 예수는 십자가에 달리실 갈보리 산 정상을 바라보았다.

제10지점 예수께서 옷 벗김을 당하신 곳

• **묵상 말씀**: 예수를 끌고 골고다라 하는 곳(번역하면 해골의 곳)에 이르러 몰약을 탄 포도주를 주었으나 예수께서 받지 아니하시니라 십자가에 못 박고 그 옷을 나눌새 누가 어느 것을 가질까 하여 제비를 뽑더라(막 15:22-24)
• **묵상 말씀**: 군인들이 예수를 십자가에 못 박고 그의 옷을 취하여 네 깃에 나눠 각각 한 깃씩 얻고 속옷도 취하니 이 속옷은 호지 아

니하고 위에서부터 통으로 짠 것이라 군인들이 서로 말하되 이것을 찢지 말고 누가 얻나 제비 뽑자 하니 이는 성경에 "그들이 내 옷을 나누고 내 옷을 제비 뽑나이다"(시 22:18) 한 것을 응하게 하려 함이러라 군인들은 이런 일을 하고(요 19:23-24)

① 10-14지점은 성묘 교회 안에 위치해 있으며 10-13지점은 과거 채석장이었다.
② 로마 군인들이 예수의 옷을 제비 뽑아 나누어 가진 자리에 돌계단을 통해 들어가는 '옷 벗김의 예배소'(Chapel of the Divestiture)가 세워져 있다.
③ 사형수의 옷을 나누어 갖는 것은 사형을 집행하는 로마 군인들의 관습이었다.
④ 요세푸스에 의하면, 대제사장의 관복은 호지 않고 통으로 짠 것이어야 했다. 이런 점에서 히브리서의 영원한 대제사장이신 예수와 관련지을 수 있다.

제11지점 예수께서 십자가에 못 박히신 곳

• **묵상 말씀:** 그들이 예수를 맡으매 예수께서 자기의 십자가를 지시고 해골(히브리말로 골고다)이라 하는 곳에 나가시니 그들이 거기서 예수를 십자가에 못 박을새 다른 두 사람도 그와 함께 좌우편에 못 박으니 예수는 가운데 있더라 빌라도가 패를 써서 십자가 위에 붙이니 '나사렛 예수 유대인의 왕'(Iesus Nazarenus Rex Iudaeorum)이라 기록되었더라 예수의 못 박히신 곳이 성에서 가까운 고로 많은 유대인이 이 패를 읽는데 히브리와 로마와 헬라 말로 기록되었더라(요 19:17-20)

TIP

가상칠언 架上七言

• 아버지여 저들을 사하여 주옵소서 자기들이 하는 것을 알지 못함이니이다 (눅 23:34)
• 내가 진실로 네게 이르노니 오늘 네가 나와 함께 낙원에 있으리라 (눅 23:43)
• 예수께서 자기의 어머니와 사랑하시는 제자가 곁에 서 있는 것을 보시고 자기 어머니께 말씀하시되 여자여 보소서 아들이니이다 하시고 또 그 제자에게 이르시되 보라 네 어머니라 하신대 그 때부터 그 제자가 자기 집에 모시니라 (요 19:26-27)
• 그 후에 예수께서 모든 일이 이미 이루어진 줄 아시고 성경을 응하게 하려 하사 이르시되 내가 목마르다 하시니 거기 신 포도주가 가득히 담긴 그릇이 있는지라 사람들이 신 포도주를 적신 해면을 우슬초에 매어 예수의 입에 대니 (요 19:28-29)
• 예수께서 신 포도주를 받으신 후 이르시되 다 이루었다 하시고 머리를 숙이시고 영혼이 떠나가시니라 (요 19:30)
• 예수께서 큰 소리로 불러 이르시되 아버지 내 영혼을 아버지 손에 부탁하나이다(시 31:5) 하고 이 말씀을 하신 후 숨지시니라 (눅 23:46)
• 제구시쯤에 예수께서 크게 소리 질러 이르시되 엘리 엘리 라마 사박다니 하시니 이는 곧 나의 하나님, 나의 하나님, 어찌하여 나를 버리셨나이까(시 22:1) 하는 뜻이라 (마 27:46; 막 15:34)

① 골고다(Golgotha) 언덕에 위치해 있는데, 골고다는 해골이라는 뜻으로, 헬라어로는 크라니온(kranion), 라틴어로는 칼바(calva), 영어로는 갈보리(calvary)이다.
② 예수께서 십자가에 못 박히신 곳에 1937년 보수된 로마 가톨릭 소속의 예배소가 있으며, 제단 뒤 벽에 보수 당시 재장식된 모자이크가 있다.
③ 천정의 그리스도 모자이크는 중세 시대의 것이다.
④ 은제 제단 앞 벽면의 모자이크 내용은 십자가에 못 박히신 예수, 이를 지켜보는 예수의 모친 마리아, 아들 이삭의 번제 드림을 준비하는 아브라함이다.
⑤ 은제 제단은 1609년 이탈리아 토스카나 지방의 대 공작 메디치 가문의 페르디난드 I세(Ferdinand I de Medici)가 기증한 것이다.
⑥ 예수께서 제 삼시(오전 9시)가 되어 십자가에 못 박히셨다(막 15:25).

제12지점 예수께서 십자가에서 숨지신 곳

• **묵상 말씀:** 예수께서 다시 크게 소리 지르시고 영혼이 떠나시니라(마 27:50)
• **묵상 말씀:** 예수의 십자가 곁에는 그 어머니와 이모와 글로바의 아내 마리아와 막달라 마리아가 섰는지라(요 19:25)

① 예수께서 제3시에 이 자리에서 십자가에 달리시고 제6시(정오)부터 제9시(오후 3시)까지 어두움이 있었으며 오후 3시경에 숨지셨다(막 15:33-34).
② 골고다(갈보리) 언덕 위 십자가에 달리신 곳에 그리스 정교회 소속의 예배소가 있다.
③ 동양적 제단 양쪽 기둥 사이에 바위에 뚫린 구멍 주위를 두른 은 원반이 있는데, 바로 이곳이 전통적으로 십자가를 세운 곳으로

여겨진다.

④ 십자가 오른편에 유리관 안에 전시되어 있는, 바위에 생긴 갈라진 틈은 예수께서 숨지신 후 일어난 지진으로 인한 것으로 전해진다(마 27:51).

⑤ 예수 좌우편에 두 강도가 십자가형에 처해졌던 자리가 있다.

제13지점 십자가에서 죽으신 예수를 내린 곳

• **묵상 말씀**: 아리마대 사람 요셉은 예수의 제자이나 유대인이 두려워 그것을 숨기더니 이 일 후에 빌라도에게 예수의 시체를 가져가기를 구하매 빌라도가 허락하는지라 이에 가서 예수의 시체를 가져가니라 일찍이 예수께 밤에 나아왔던 니고데모도 몰약과 침향 섞은 것을 백 리트라쯤 가지고 온지라 이에 예수의 시체를 가져다가 유대인의 장례 법대로 그 향품과 함께 세마포로 쌌더라(요 19:38-40).

① 11지점과 12지점 사이에 위치해 있다.

② 가슴에 칼이 박힌 채 슬픈 표정을 하고 있는 예수의 모친 마리아의 목상이 유리관 안에 보존되어 있다.

③ 16세기에 리스본에서 제작된 이 목상은 1778년 포르투갈 여왕 마리아 I세가 기증한 것이다.

④ 아리마대 요셉이 유대의 장례법을 따라 니고데모가 가지고온 향품(몰약과 침향)을 세마포 사이사이에 뿌려 적당한 간격으로 묶어 예수의 시신을 쌌다고 하는 붉은 대리석판이 있다.

⑤ 이는 향유를 바른 도유석판(the Stone of the Anointing or Unction)으로도 불린다.

⑥ 이 석판 앞에 있는 스탠드는 1810년 성묘 교회 중수 이래로 있던 것이다.

⑦ 이 석판 뒤 벽면에 모자이크가 새겨져 있다.

제14지점 예수의 시신을 무덤에 장사 지낸 곳

• **묵상 말씀**: 요셉이 시체를 가져다가 깨끗한 세마포로 싸서 바위 속에 판 자기 새 무덤에 넣어 두고 큰 돌을 굴려 무덤 문에 놓고 가니 거기 막달라 마리아와 다른 마리아가 무덤을 향하여 앉았더라(마 27:59-61).

• **묵상 말씀**: 이 날은 준비일이라 유대인들은 그 안식일이 큰 날이므로 그 안식일에 시체들을 십자가에 두지 아니하려 하여 빌라도에게 그들의 다리를 꺾어 시체를 치워 달라 하니 군병들이 가서 예수와 함께 못 박힌 첫째 사람과 또 그 다른 사람의 다리를 꺾고 예수께 이르러서는 이미 죽은 것을 보고 다리를 꺾지 아니하고 그 중 한 군인이 창으로 옆구리를 찌르니 곧 피와 물이 나오더라 이를 본 자가 증거하였으니 그 증언이 참이라 그가 자기의 말하는 것이 참인 줄 알고 너희로 믿게 하려 함이니라 이 일이 일어난 것은 그 뼈가 하나도 꺾이지 아니하리라 한 성경(시 34:20)을 응하게 하려 함이니라 또 다른 성경(슥 12:10)에 그들이 그 찌른 자를 보리라 하였느니라(요 19:31-37).

• **묵상 말씀**: 청년이 이르되 놀라지 말라 너희가 십자가에 못 박히신 나사렛 예수를 찾는구나 그가 살아나셨고 여기 계시지 아니하니라 보라 그를 두었던 곳이니라(막 16:6).

① 성묘 교회 내 원형탑 건축물인 로툰다(Rotunda) 중앙에 있다.
② 이곳은 예수의 무덤이자 부활 장소여서, 성묘 교회를 부활 교회로도 부른다.
③ 무덤을 둘러싼 건물은 콘스탄틴 시대 335년에 세워진 기초 위에 십자군이 재건한 것이다.
④ 성묘를 둘러싸고 있는 사각형 구조물은 화재로 소실되어 1810년 러시아 정교회가 재건한 것이다.
⑤ 건물은 두 개의 방으로 구성되어 있는데, 입구를 들어서면 안식 후 첫 날 여인들이 무덤에 왔을 때 하늘에서 내려온 천사가 굴려 내고 앉았던 돌이 있었다는 천사의 방이 나온다.

⑥ 두 번째 방은 예수의 무덤이 있던 곳으로 예수의 시신을 눕혔던 대리석 판과 애도자가 앉는 긴 돌 의자가 있다.
⑦ 성묘 구조물 위로 황금빛과 흰 색의 동근 돔이 있고 그 둘레 벽에 금빛 등불로 채워진 일련의 발코니들이 있다.
⑧ 성묘 구조물 바로 위의 검은 둥근 천정 돔은 러시아 풍으로 건축되어 '러시아(모스크바) 쿠폴라'(Muscovite cupola)로 불린다.
⑨ 성묘 교회 안 성묘 주변에 가톨릭 예배당, 그리스정교회 예배당이 있다.
⑩ 성묘 뒤쪽으로 콥트 정교회 소속의 작은 예배소가 있으며, 근처에 1세기 당시 유사한 무덤이 있다.

✞ **성묘 교회**(Church[Basilica] of the Holy Sepulture)
✞ **부활 교회**(Church of the Resurrection)

① 예수께서 골고다 언덕에서 십자가에 달려 죽으시고 장사되신 성묘를 에워싸고 있는 교회이다.
② 135년 하드리아누스 황제는 이 자리에 비너스 신전을 세웠다.
③ 313년 기독교를 공인했던 최초의 기독교 황제 콘스탄티누스 황제의 모친 헬레나(Helena)가 비너스 신전 지하의 물 저장고에서 예수께서 지신 십자가를 발견하였다.
④ 황제의 명으로 326년 신전 자리에 교회가 건축되어 335년 봉헌되었다.
⑤ 614년 페르시아의 침공으로 파괴되었으나, 테오도시우스 수도원장 모데투스(616-626년)에 의해 재건되었다.
⑥ 1009년 이슬람 칼리프에 의해 파괴되었다가, 1048년 비잔틴 황제 콘스탄티누스 모노마코스에 의해 재건되었다.
⑦ 십자군 시대인 1149년 대대적인 복구 후 개보수를 거듭하다가 1808년 대화재로 크게 소실되었다. 그러나 1810년 재건되고 1868년 그리스 정교회에 의해 복구되었다.
⑧ 1853년 오스만 터키 술탄의 '현상유지'(status quo) 칙령 이래로 기독교 6개 종파(그리스 정교회, 로마 가톨릭, 아르메니아 교회, 시

리아 정교회, 이집트 콥트 정교회, 에디오피아 정교회)에 의해 공동 관리되고 있다.

⑨ 십자가가 세워졌던 골고다 언덕 아래 '아담 예배당'(Chapel of Adam)이 있는데, 전승에 의하면 이곳에 십자가 사건 시 예수의 피가 아담의 해골에 흘러 들어가 원죄를 씻어주었다는 아담의 무덤이 있었다고 한다.

⑩ 성묘 교회 지하로 벽면 돌에 십자가가 줄지어 새겨져 있는 27계단을 내려가면 아르메니아 교회 소속의 성 야고보 대성당(St. James Cathedral)에 두 제단이 있는데, 주 제단은 헬레나에게 봉헌된 것이며, 작은 제단은 회개한 강도 디스마스(Dismas)를 기념한 것이다.

⑪ 헬레나 예배당 오른 편에서 헬레나가 십자가 파편을 찾아낸 물저장고 쪽으로 21계단을 더 내려가면, 프란체스코 수도회에 의해 세워진 '발견의 예배소'가 있다. 여기서 헬레나는 세 개의 십자가, 가시관, 십자가형 집행 시 사용된 못, 예수 십자가의 명패를 발견했다고 한다.

⑫ 1831년까지 순례자들은 입장료를 내고 성묘 교회를 방문할 수 있었으나, 터키의 지배가 잠시 중단되고 이집트가 성지를 통치하던 시기에 예비 기독교인 이브라힘 파샤(Ibrahim Pasha)가 예루살렘을 다스릴 때 입장료가 폐지되어 지금까지 지켜지고 있다.

⑬ 대부분의 기독교인은 고난의 길 끝에 만나는 성묘 교회 내 성묘를 예수의 무덤으로 여기나, 1883년 영국군 장군이자 탐험가인 고든(Charles George Gordon)이 성지를 방문하여 현재 도성 밖 '정원 무덤'(Garden Tomb)을 골고다로 여긴 이래, 일부 기독교인들은 그곳을 성묘교회로 생각한다.

⑭ 현재 '정원 무덤'은 1893년 설립된 영국의 '정원무덤 협회'(The Garden Tomb Association)에 의해 관리되고 있으며, 입장료는 무료이다.

A22_예루살렘_성전산_황금돔 모스크
A22_예루살렘_성전산과_감람산

예루살렘_성전산_황금돔 모스크

A23

감람산_겟세마네_만국 기념 교회

유적지 | 예루살렘과 주변

감람 산 Mount of Olives

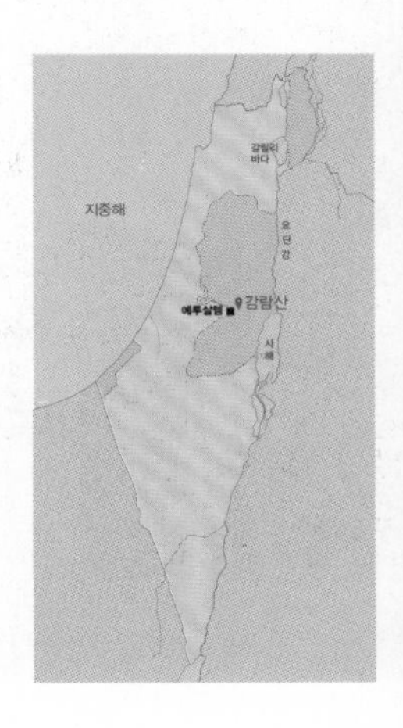

위치

'감람 산'은 기드론 골짜기를 사이에 두고 예루살렘 '구(舊) 도시'(Old City)의 동쪽에 위치해 있는, 유대 산지에 속하는 산이다. 이 산은 세 개의 봉우리를 가지고 있는데, 북쪽 봉우리는 현재 히브리 대학교가 있는 해발 826m 높이의 '전망 산'(Mount Scopus), 가운데 봉우리는 해발 818m 높이의 '앗-투르'(at-Tur), 남쪽 봉우리는 해발 747m 높이의 '멸망 산'(Mount of Corruption)으로, 북쪽에서 남쪽까지 이르는 길이는 약 3.5㎞에 이른다.

지명

① '감람 산'은 히브리어로는 '하르 하-제이팀'(Har Ha-Zeitim)인데, '제이팀'(Zeitim)은 '올리브나무'를 가리키는 '자이트'(Zait)의 복수이다.

② 아랍어로는 '자발 앗-자이툰'(Jabal az-Zay-tun)으로, '올리브나무의 산'이라는 뜻이다. 때때로 이 산은 '앗-투르'(at-Tur)로도 불리는데, 이는 '산' 또는 '망대'라는 뜻이다.

③ 이 산 동쪽 사면에서 '유대 광야'가 시작되어, 여리고와 사해 서안 지역인 쿰란, 엔게디, 마사다 등에 이른다.

④ 성경에서는 '예루살렘 앞 산'(왕상 11:7), '성읍 동쪽 산'(겔 11:23)으로 불렸으며, '멸망의 산'(왕하 23:13)으로도 불렸다.

⑤ 감람 산은 서쪽의 유대 산지와 동쪽의 유대 광야 사이에서 강우량이 현저하게 변하는 분수령(分水嶺)이 되어, 유대 광야는 강우량이 급감하는 '강우 음달 지역'(rain-shadow area)이다.

⑥ 이 산의 지질은 후기 백악기 대양에서 퇴적된 석회암으로 이루어져 있어 부드러운 백묵질(chalk) 석회암과 단단한 석회암으로 이루어져 있다. 연성의 석회암은 석재로는 부적절하지만, 동굴이 생기는 데는 적합한 지질이었다. 이런 이유로 이곳에 자연 동굴뿐 아니라 매장을 위해 만든 인공적인 동굴이 많이 만들어졌다.

⑦ 현재 이곳에는 고대로부터 오늘날에 이르기까지 만들어진 약 15만 기의 묘가 있다.

TIP

올리브나무

'올리브'는 밀과 보리, 포도와 무화과, 석류와 꿀(대추야자)과 함께 출애굽한 이스라엘이 하나님께로부터 약속의 땅에서 받으리라 약속 받은 일곱 가지 소산물 중 하나이다(신 8:8). '올리브나무'는 '감람나무'와는 다른 종이다. 감람나무(Canarium album)는 쌍떡잎식물 이판화군 감람과의 상록교목이나, 올리브나무는 지중해 지방이 원산지이며 물푸레나무과에 속하는 식물로 그 열매가 기름과 식용으로 이용된다. 한글성경에서 '올리브나무'를 번역할 때 독자가 이해하기 쉽도록 '감람(橄欖)나무'로 옮겼으나, 공동번역성서는 이를 한글로 음역한 그대로 '올리브나무'로 옮겼다.

역사

① 다윗이 예루살렘을 점령하기 전 여부스 족이 살던 가나안 시대 무덤(주전 1600–1300년)이 감람 산에서 발견되었다.
② 성전을 마주보고 있는 이 산의 서쪽 사면에 고대로부터 현대에 이르기까지 약 15만 기의 유대인 무덤이 있다.
③ '유대 전쟁' 시 예루살렘 성이 로마 군대의 포위로 함락되기 직전인 70년 로마 제10군단이 머물렀던 진영이 있던 곳이다.
④ 성전이 파괴된 후 유대인들은 이 산에서 장막절을 지내기도 하였다.
⑤ 중세의 기록에 의하면, 유대인들은 성전파괴일에 매년 시온산과 기드론 골짜기를 지나 감람산에 이르러 성전산을 바라보며 금식하며 통곡하였다.

성경

❑ 구약성경

① 다윗은 반역을 일으킨 아들 압살롬을 피해 머리를 가리고 맨발로 울면서 이곳으로 올라갔다(삼하 15:30).
② 에스겔에 의하면, 여호와께서 머물렀던 성스러운 산이었다(겔 11:23).
③ 솔로몬은 이방인 아내를 위하여 시돈의 '아스다롯', 모압의 '그모스', 암몬의 '밀곰' 등 이방신을 섬기는 여러 신전들을 건축하였다(왕상 11:1–8).
④ 요시아 왕은 우상숭배에서 유래된 명칭인 '멸망의 산'(Har Ha-Mashchit)에 세워진 산당을 훼파하고 우상을 제거하였다(왕하 23:13).
⑤ 스가랴의 묵시적 예언에 의하면, 감람 산은 예루살렘과 함께 여호와의 날을 맞이할 곳이다(슥 14:4–5).

❑ 신약성경

① 복음서 저자들은 예수께서 마지막으로 예루살렘에 입성하실 때 이 산 벳바게를 거치셨다(마 21:1–11; 막 11:1–10; 눅 19:29–38; 요 12:12–19).
② 이 산에 '겟세마네'(올리브기름 짜는 곳) 동산이 있다(마 26:36; 요 18:1).
③ 예수께서 제자들과 최후의 만찬을 하시고 그들과 함께 찬미하며 감람 산으로 나아갔다(마 26:30; 막 14:26).
④ 예수께서 습관을 따라 감람 산에 가서 기도하셨다(눅 26:39–46).
⑤ 예수께서 예루살렘에서 마지막 유월절 명절을 보내실 때 낮에는 성전에서 가르치고, 밤에는 감람원이라는 산에서 쉬셨다(눅 21:37).
⑥ 예수께서 이곳에 계실 때 제자들에게 종말에 대하여 가르치셨다(마 24:3–25:46).
⑦ 예수께서 이 산 서쪽 사면 '겟세마네' 동산에서 기도하실 때 배신한 유다와 함께 온 무리에게 붙잡히셨다(마 26:47–56 등).
⑧ 이곳에서 예수께서 승천하셨다(눅 24:50–51; 행 1:9–11).
⑨ 예수께서 승천하신 후 제자들이 감람 산에서 예루살렘으로 돌아왔으며, 이 산은 예루살렘에서 안식일에 가기에 적당한 거리에 있었다(행 1:12).

유적

오늘날 성지순례 중 방문할 수 있는 '감람 산'의 명소로는 '러시아 승천 교회', '승천사원', '주기도 교회', '선지자의 무덤', '주님 눈물 교회', '막달라 마리아 교회', '겟세마네', '만국교회', '마리아의 무덤' 등을 들 수 있다. 그 세부적인 설명은 다음과 같다.

A23

❑ 러시아 승천 교회(Russian Ascension Church)

① 1870년과 1887년 사이에 러시아 정교회가 '앗 투르'에서 발견된 비잔틴 시대 유적 위에 세운 교회이다.
② 여기서 비잔틴 시대 아르메니아 기독교인들의 두 모자이크를 발견했다.
③ 5세기 경 제작된 '아르타반(Artavan) 모자이크'는 "아르타반의 모친 수산나의 무덤"을 알리는데서 유래된 명칭이며, 현재는 박물관을 세워 이를 보존하고 있다.
④ 두 번째 모자이크는 그 이후의 것으로 '세례 요한의 머리 교회'의 바닥 모자이크이다.
⑤ 이는 세례요한의 머리가 여기에 매장되었다는 전설에 따라 세워진 교회의 유적이다.
⑥ 교회 안에 요단 강을 걸어서 순례할 수 없는 순례자가 멀리서나마 요단 강을 볼 수 있도록 종탑을 높이 세웠다.

❑ 승천 사원(Mosque of the Ascension)

① 콘스탄티누스 황제 이전에 기독교인들은 예수의 승천을 은밀하게 이곳 동굴에서 기렸다고 한다.
② 4세기 말 성지순례자 에게리아(Egeria)는 384년 동굴 근처의 작은 언덕에서 승천을 기리는 예배에 참석하였다.
③ 최초의 교회는 392년 이전에 황제의 친족 포이메니아(Poimenia)에 의해 세워졌다.
④ 십자군은 원래 지붕이 없는 팔각형의 사당을 짓고 그 주변을 수도원으로 둘러쌓았다.
⑤ 전승에 의하면, 돌 위에 새겨졌다고 전해지는 '예수의 발자국'은 중세 시대에 숭배되었다.
⑥ 1200년경 무슬림들에 의해 십자군 시대 사원이 보수되었는데, 이때 메카의 방향을 알려주는 미흐랍(mihrab)과 지붕이 씌워졌다.

⑦ 현재 '예수의 오른쪽 발자국'은 이곳에 남아 있으나, '왼쪽 발자국'은 중세 시대 무슬림들에 의해 성전산에 있는 '엘 악사'(El-Aksa) 모스크로 옮겨졌다.
⑧ 현재 여기 세워져 있는 첨탑(minaret)은 1620년 세워진 모스크의 부속 건물이었다.

❑ 주기도 교회(Church of the Pater Noster)

① 3세기 신약외경『요한행전』은 감람 산에서 예수께서 제자들에게 기도를 가르치셨다고 전하는 동굴을 언급하는데, 4세기경 콘스탄틴 황제 모친 헬레나(Helena)가 이 동굴 위에 처음 교회를 세웠다.
② 이 교회를 333년 성지 순례자 보르도(Bordeaux)가 방문한바 있었으며, 384년 에게리아 역시 자신의 '성지순례기'에 그리스어로 '올리브'를 의미하는 '엘레오나'(Eleona)로 불렸던 이 교회에 관해 기록하였다.
③ 승천 교회가 얼마 떨어져 있지 않은 더 높은 곳으로 이전한 다음, 이 동굴은 예수께서 제자들에게 종말에 관한 교훈을 가르치셨던 것으로 여겨졌다(마 24-25장).
④ 비잔틴 시대에 세워진 교회는 614년 페르시아인의 침입으로 파괴되었으나, 이곳은 예수께서 제자들에게 '주기도'를 가르치신 곳으로 계속 순례지가 되었다(눅 10:38-11:4).
⑤ 십자군 시대 1106년경 이곳에 기도처가 세워졌다.
⑥ 1102년 한 순례자가 히브리어로 기록된 주기도문에 관한 말을 들었고, 1170년 다른 순례자는 제단 아래 있는 그리스어 주기도문을 보았다. 또 라틴어로 된 주기도문이 발굴에 의해 발견되었다. 이로부터 현재 200여개 이상의 각국어로 교회 회랑의 벽에 주기도문이 새겨져 있는데, 한글로 된 주기도문도 두 곳에 전시되어 있다.
⑦ 현재 교회는 1857년 프랑스 백작 부인 '투르 오베르뉴'(Tour d'Auvergne)의 재정 지원을 받아 프랑스 건축가 기에르메가 설

계하여 1872년 가톨릭 '갈멜 수녀회'(Carmelite Cloistered Sisters)가 세운 것이다. 지금도 교회 안에서 백작 부인의 묘를 볼 수 있다.

⑧ 주기도 교회에서 동편으로 난 길은 벳바게와 베다니로 이어지지만, 현재는 이스라엘이 보안장벽을 설치하여 방문객들은 출입할 수 없다.

⑨ 주기도 교회와 '일곱 아치 호텔'(Seven Arches Hotel) 사이에 나있는 감람 산 아래로 내려가는 길을 따라 가면, 왼편으로 '선지자의 무덤'을 지나고, 얼마 가지 않아 오른 편에 '주님 눈물 교회'를 만나게 된다.

TIP

무덤 형태

시신을 좁은 수평의 석실에 매장하고 나중에 유골을 추려 유골함(ossuary)에 담아 보관하는 방식으로 주전 100년에서 주후 135년 하드리아누스 황제가 이를 금지하기 전까지 사용된 무덤 형태를 '코킴'(kokhim) 형태로 부르고, 시신을 아치형의 벽감 안에 누이고 장례를 치루는 방식을 '아르코솔리아'(arcosolia) 형태로 부른다.

❑ 선지자의 무덤(Tombs of the Prophets)

① 입구의 안내판은 이곳에 있는 동굴이 주전 6-5세기에 활동한 선지자 학개(Haggai), 스가랴(Zechariah), 말라기(Malachi)의 무덤이 있는 곳으로 알려준다.

② 중세의 유대인 전승에 의하면, 이곳의 무덤은 매장실과 장례실이 구분되고 매장실은 여러 무덤 석실이 삼면에 있는 '코킴'(Kokhim) 형태를 보여준다. 이는 단지 주전 1세기에만 사용된 이 무덤형태이기 때문에 '선지자의 무덤'이 될 수 없다.

③ 이는 주전 1세기부터 주후 135년 이전까지 사용된 지하 동굴 묘지로 추정된다.

④ 특이한 점은 여러 개의 매장 석실이 경제성을 고려하여 부채꼴 형태로 배치되어 있다는 점이다.

❑ 주님 눈물 교회(Dominus Flevit)

① 예수께서 감람 산의 한 곳에서 예루살렘을 가까이서 보시고 우셨다는 누가의 기록(눅 19:41)을 따라, 현재 이곳에 눈물방울 모양의 지붕과 그 사면에 눈물병이 있는 예배당이 세워졌는데, 이는

1955년 이탈리아 건축가 안토니오 발루치(Antonio Barluzzi)가 설계하여 건축한 가톨릭 프란치스코 수도회(Franciscan Order) 소속의 교회이다.

② 비잔틴 시대 모자이크 바닥 위에 세워진 현재 교회 명칭인 'Dominus Flevit'은 '주께서 우셨다'는 뜻의 라틴어이다.

③ 5세기경 비잔틴 시대 수도원과 공동묘지가 있었다.

④ 중세의 순례자들이 이곳의 한 바위를 예수께서 성을 바라보고 우셨던 곳으로 지목하였다.

⑤ 1881년 가톨릭 프란치스코 수도회가 작은 예배당을 건축하였다.

⑥ 이곳에서 발견된 수백 개의 묘지는 여부스 시대(주전 1600-1300년경)의 것과 후대(주전 100년-주후 135년과 200-400년)의 것으로, 공동묘지로 사용된 두 시기를 보여준다.

⑦ 성전산과 마주하고 있는 현재의 예배당에서 예루살렘 옛 성을 한눈에 바라볼 수 있다.

⑧ 교회 제단 아래 암탉이 병아리를 모으고 있는 모습의 원형 모자이크가 새겨져 있다(마 23:37-39; 눅 13:34).

⑨ 교회입구에 여러 무덤형태를 보여주는 공동묘지(necropolis)가 있다.

❑ 막달라 마리아 교회(Church of St. Mary Magdalene)

① 예루살렘 옛 성에서 감람 산을 바라보면, 양파 모양의 금빛 둥근 지붕(dome)을 가진 교회를 보게 되는데, 이 교회가 러시아 정교회 소속의 막달라 마리아 교회이다.

② 1888년 '세잘 알렉산더'(Czar Alexander) III세가 세워 황후였던 그의 모친 마리아에게 봉헌한 교회이다.

③ 세잘의 아내의 자매이자 세잘의 형제 세르게이의 부인으로, 1917년 러시아 볼쉐비키 혁명 때 살해당한, 러시아 대공작부인 '엘리자베스 피오도로브나'(Eilzabeth Fyodorovna)가 그 친구인 바바라(St. Barbara)와 함께 1921년 이곳에 안장되어 있다.

④ 교회 내부 장식이 아름다우며, 특히 성상이 그려진 제단 칸막이

인 '이코노스타시스'(iconostasis)가 유명하다.
⑤ 교회 입구 왼편으로 나있는 오르막길로 바위를 깎아 만든 세 돌 계단은 808년에 제작된 기념서(Commemoratorium)에 언급되어 있는데, 이는 예수 당시부터 있던 것이었다.

❑ 겟세마네(Gethsemane)

① 예수께서 예루살렘 성내 한 다락방에서 마지막 유월절 식사를 하시고(눅 22:7-23), 제자들과 함께 기드론 골짜기를 건너, 가끔 제자들과 함께 모였던 한 동산으로 가셨는데(요 18:1-2), 그 동산의 이름은 '겟세마네'(막 14:32)였다.
② '겟세마네'란 '기름 짜는 틀'이라는 뜻을 지닌 히브리어 '갓스마님'(Gat-Smanim), 아람어 '갓 스마네'(Gath-Smane)에서 유래된 말이다.
③ 이곳은 예수께서 제자들과 함께 자주 방문하셔서 쉬신 곳이다(눅 22:39; 요 18:2).
④ 예수께서 집히시던 날 밤 이곳에서 기도하셨으며(마 26:36-46; 막 14:32-42), 이곳에서 체포되셨다(마 26:47-56; 요 18:3-12).
⑤ 유세비우스는 자신의 저서 『지명록』(330년)에서 이곳이 "지금 신앙인들이 열심히 기도하는 올리브 산기슭에" 있다고 서술하였다.
⑥ 이곳에 1924년 '만국교회'가 세워져 있다.
⑦ 2012년 이탈리아 '국립조사위원회'(National Research Council)가 '탄소 측정법'으로 실시한 조사에 의하면, 현재 이 동산에서 자라고 있는 오래된 세 올리브 나무의 연대는 주후 11-12세기의 것이며, DNA 검사 결과 동일한 나무에서 유래된 것이다.

❑ 만국 교회(the Church of All Nations)

① 주후 333년 순례자 보르도(Bordeaux)는 예수께서 기도하셨던 겟세마네 동산의 바위를 순례하였다.
② 390년 제롬(Jerome)은 유세비우스의 『지명록』(Onomasticon)에

"이제 그(바위) 위에 한 교회가 세워졌다"(nunc ecclesia desuper aedificata)라고 덧붙여 서술하였다. 이로 보건대, 330년과 390년 사이 테오도시우스(Theodosius) I세 당시 380년경 이 바위를 중심으로 비잔틴 교회가 세워졌다고 추정된다.

③ 614년 페르시아의 침입으로 교회가 무너지고, 1170년경 십자군에 의해 비잔틴 교회 남쪽에 한 기도처가 세워졌다.

④ 십자군 시대에 세워진 교회에서 1323년까지 예배를 드렸으나, 1345년에는 버려졌다.

⑤ 이곳에 12개국의 가톨릭 공동체가 재원을 마련하여 이탈리아 건축가 안토니오 발루치(Antonio Barluzzi)가 1919년 설계하여 1924년 바실리카 양식으로 완공한 '고뇌의 교회'(Basilica of the Agony)가 세워져 있으며, 그 소속은 가톨릭 프란치스코 종단이다. 12개국에서 모금된 성금으로 건립한 교회이기에 '만국 교회'로도 불린다.

⑥ 제단 위에 반원형 구조물(apse) 내부에 아름다운 모자이크가 새겨져 있는데, 가운데의 것은 예수의 고뇌 기도 장면을, 왼편의 것은 유다의 배신 장면을 묘사하였다.

⑦ 교회 내부는 열 개의 대리석 기둥에 의해 세 통로(aisle)로 구분되어 있으며, 한 통로마다 네 개의 돔(dome) 형식의 지붕을 가지고 있다.

⑧ 제단 아래 예수께서 기도하셨다고 전해지는 큰 바위가 있는데, 고난의 잔을 마시는 비둘기와 새들이 조각되어 있다.

⑨ 바닥에는 원래 비잔틴 시대의 모자이크가 보호 유리 아래 전시되고 있다.

⑩ 교회 전면(fasade)이 아름답게 장식되어 있다. 꼭대기에 십자가와 두 마리의 수사슴이 세워져 있는데, 이는 사슴이 시냇물을 찾듯이 영혼이 주를 찾는 시인의 노래(시 42:1)를 나타낸다.

⑪ 그 아래 모자이크 벽면의 중앙에 시작과 끝을 의미하는 알파와 오메가 아래 무릎을 꿇고 기도하는 예수의 모습과 다시 오실 주님을 묘사하는 "나는 알파와 오메가요 처음이자 마지막이요 시작과 마침이라"(계 22:13)는 성구가 새겨져 있다.

⑫ 모자이크 아래 "그는 육체에 계실 때에 자기를 죽음에서 능히 구원하실 이에게 심한 통곡과 눈물로 간구와 소원을 올렸고 그의 경건하심으로 말미암아 들으심을 얻었느니라"(히 5:7)는 라틴어 성구가 건물 너비만큼 좌우로 길게 새겨져 있다.
⑬ 전면에 네 개의 기둥이 세워져 있는데, 그 기둥머리에는 각 복음서 저자들이 자신의 복음서를 들고 서있다.
⑭ 지붕에 있는 12개의 둥근 천장 형식인 돔(dome)은 열두 사도를 상징한다.
⑮ 이곳에서 볼 수는 없지만, 피 색깔처럼 붉게 피어 가룟 유다의 배신(마 27:5)과 관련지어 '유다 나무'로 불리는 '지중해 장미'(cercis siliquastrum)를 예루살렘이나 갈릴리에서 볼 수 있다.

❑ 겟세마네 동굴(Cave[Grotto] of Gethsemane)

① 예수께서 잡히기 전에 기도하신 곳과 기도하시는 동안 제자들이 머물러 있던 곳 사이의 거리는 "돌 던질 만큼"(눅 22:39) 떨어져 있었는데, 예수는 제자들에게 유혹에 빠지지 않게 기도하라고 당부하셨으나 제자들은 거기서 졸고 있었다.
② 전통적으로 예수의 모친 '마리아의 무덤' 전면 오른쪽으로 난 샛길을 20m쯤 가면, 비잔틴 시대 제자들이 머물렀다고 여겨졌던 '겟세마네 동굴'을 발견할 수 있다.
③ 원래의 동굴은 현재 출입구 계단과 그 왼편에 있는 제단 사이에 있다.
④ 제단 오른 편 제일 끝 벽에 구멍이 나있다. 이는 올리브를 짤 때 나무 들보를 끼웠던 곳으로 추정된다.
⑤ 동굴 천장에 있는 별들은 12세기 때의 것이다.
⑥ 바닥은 1957년에 포장되었다.
⑦ 입구 오른 편으로 '물 저장소'와 '배수로', 또 두 개의 다른 층을 이루고 있는 비잔틴 시대 모자이크 유적을 찾아볼 수 있다.

❑ 마리아의 무덤(the Tomb of the Virgin Mary) 또는 마리아 승천 교회(Church of the Assumption)

① 신약성경은 예수의 모친 마리아의 죽음에 대해 언급하지 않는다.
② 주후 2-3세기경 전승(Transitus Mariae)에 의하면, 마리아는 시온 산에서 영면(永眠)에 들어갔고, 그 몸은 예루살렘 성 밖에 매장되었으며, 거기서 무덤에서 일어나 승천하였다.
③ 431년 '에베소 공회'에서 마리아는 '하나님을 잉태한 분' (theotokos), 곧 '하나님의 어머니'로 결정된 이후로 숭배의 대상이 되었다.
④ 비잔틴 시대 초기 4세기 이곳에 마리아의 매장과 승천을 기념하는 교회가 세워졌으며, 6세기에 2층을 증축하여 교회는 확장되었다.
⑤ 그러나 페르시아인의 침입으로 618년 성소는 파괴되었으나 7세기 후반 재건되었다.
⑥ 십자군 시대 1130년 파괴되었던 교회를 베네딕트 수도회가 재건하였는데, 십자가 형태를 유지하면서 고대 교회의 유적 위에 큰 바실리카를 세웠다.
⑦ 이 교회는 1187년 살라딘에 의해 크게 파괴되었다.
⑧ 18세기 이래로 교회는 두 교단, 곧 그리스 정교회와 아르메니아 정교회에 속해 있었다.
⑨ 교회 내부의 명소로는 계단 양편에 '멜리산드(Melisande) 왕후의 무덤'과 '발드윈(Baldwin) II세 가족 무덤', 계단 아래 우편에 '마리아의 무덤', '벽감', '1세기 무덤', '미흐랍', 계단 아래 왼편에 3-4세기 비잔틴 교회 '입구'와 '납골당'이 있고, 계단 맞은편에 원래 묘지의 입구가 있다.
⑩ 현재 이 교회 입구의 전경은 아름다운 십자군 시대의 건축 양식을 보여준다.

A23_감람산_겟세마네_만국 기념 교회
A23_감람산과 겟세마네_만국 기념 교회

감람산과 겟세마네_만국 기념 교회

시온산지역_마가 다락방

시온 산 Mount Zion

위치

'시온 산'은 예루살렘 '구(舊) 도시'(Old City)의 남쪽 성벽에 있는 '시온 문'(Zion Gate) 밖 서쪽 언덕을 가리킨다. 이는 지리적 구분으로는 북쪽 '유대 산지'에 속해 있으며, 해발 765m 높이의 작은 언덕이다. 그 서쪽과 남쪽으로 '힌놈(Hinnom)의 골짜기'가 지나가고, 동쪽으로는 예루살렘 구 도시를 남북으로 가로지르는 '티로푀온(Tyropoeon) 골짜기'가 지나간다.

지명

① 시온 산은 히브리어로는 '하르 지욘'(Har Zsiyyon)인데, '지욘'(Zsiyyon)이 '성'(城)을 의미하기 때문에, '시온 성'을 의미한다.

② 아랍어로는 '자발 지휸'(Jabal Zsihyun)이나 '자발 자휸'(Jabal Zsahyoun)로 불린다. 이는 아랍어로 '메마른 땅'을 의미하는 '지야'나 '요새'를 뜻하는 '자나'에서 유래되었거나, '정상으로 오르다'를 의미하는 '자히'나 '망대' 또는 '산꼭대기'를 뜻하는 '자하이'에서 유래되었을 것으로 추정한다.

역사

① 다윗이 점령하기 전까지 '시온 산성'은 여부스 족의 요새였다(삼하 5:7).

② 다윗은 여부스 족의 예루살렘을 점령한 후, 나중에 솔로몬이 성전을 지은 자리가 된 '낮은 성'(the Lower City)의 가장 높은 곳을 '시온 산'으로 여겼다.

③ '제1성전기'(주전 1000-586년) 말, 예루살렘 성은 서쪽으로 확장되었다.

④ 주전 2세기 '시온 산' 지역은 도시 성벽 안으로 들어왔다.

⑤ 로마 제국이 '제2성전'을 파괴(주후 70년)하기 직전, 요세푸스에 의하면, '시온 산'은 예루살렘 남쪽으로 확장된 '서쪽 언덕'을 가리키는 명칭이었다. 곧, 동쪽 언덕은 '성전 산', 서쪽 언덕은 '시온 산'으로 불렸다.

⑥ 로마 시대가 끝날 무렵, 유대인들에게 '다윗의 묘'로 알려졌던 구조물 입구에 회당이 세워졌는데, 이는 다윗이 성전을 건축하기 전에 언약궤를 기럇여아림에서 가져온 곳이 이곳이라고 믿었기 때문이다.

⑦ 주후 440년과 460년 사이에 비잔틴 제국의 황후 유도키아(Eudocia)는 시온 산 주변에 고대 성벽을 재건하였다. 그 후 975년 칼리프 아지즈(Aziz)는 예루살렘 방어에 용이하도록 이 성벽을

허물었다.

⑧ 6세기 마다바(Madaba) 지도에 의하면, 비잔틴 시대에 고대의 성벽이 지나갔던 이곳에 '시온 교회'(Hagia Zion)가 세워져 있었다.

⑨ 1219년 살라딘(Saladin)이 예루살렘 성을 확장하면서 성벽을 쌓아 '다윗의 묘'를 성 안에 포함시켰으나, 새로운 십자군을 두려워했던 그의 조카 무아잠(al-Muazzam)은 이를 다시 허물었다.

⑩ 이스라엘 독립전쟁 당시인 1948년 '시온 산'은 지하 터널을 통해 '서(西) 예루살렘'의 '예민 모세'(Yemin Moshe) 지역과 연결되어 있었다. 전쟁 중 부상자 후송과 물자 운송을 위해 케이블카가 설치되었는데, 1948년 5월 18일 이곳은 유대인들에 의해 점령되었다.

⑪ 1967년 '6일 전쟁' 이전에 요르단의 점령지였던 '동(東) 예루살렘'에서 '시온 산'의 '다윗의 묘'는 유대인들이 지성소가 있었던 성전 산에 가장 가깝게 접근할 수 있는 성지였다.

성경

❑ 구약성경

① 다윗이 여부스 족에게서 '시온 산성'을 빼앗았기에 이는 '다윗 성'으로도 불렸다(삼하 5:7).

② 고라 자손들은 위대하신 여호와가 '큰 왕(여호와)의 성의 북방에 있는 시온 산'에서 찬양받으실 것을 노래하였다(시 48:2).

③ 솔로몬은 성전을 건축하여 여호와의 언약궤를 다윗 성 곧 시온에서 매어 성전에 올리고자 하였다(왕상 8:1).

④ 가끔 율법의 출처가 되는 '시온'은 여호와의 말씀이 나오는 '예루살렘'을 의미하기도 한다(사 2:3).

⑤ 때때로 예루살렘과 그 주민은 '딸 시온'으로 표현되기도 하였다(사 1:8).

⑥ '시온'은 '성소'와 동일시되기도 하였다(시 20:2).

⑦ 요엘서에서 ‘시온’은 여호와께서 거하시는 ‘거룩한 산’으로 묘사되며(욜 2:1; 3:17, 21), 구원은 ‘시온 산’과 ‘예루살렘’에서 이루어진다(욜 2:32).
⑧ 고라 자손들은 “주께 힘을 얻고 그 마음에 시온의 대로가 있는 자는 복이 있나이다”(시 84:5)라고 노래했다.
⑨ 이스라엘이 성전에 올라가면서 불렀던 노래에서 ‘시온’은 예루살렘의 ‘성소’, ‘하나님의 전’이 있는 곳이었다(시 125:1; 126:1; 129:5; 133:3; 134:3; 135:21).
⑩ 바벨론 포로기에 유대인들은 시온을 기억하며 울기도 하였다(시 137:1).

❑ 신약성경

① 복음서 저자들은 예수의 마지막 예루살렘 입성을 스가랴서(9:9)를 인용하여 나귀 새끼를 타고 ‘시온’에 입성하는 메시아로 여겼다(마 21:5; 요 12:15).
② 바울은 구약을 인용하여 예수께서 믿는 자에게는 ‘시온에서 오시는 구원자’(시 14:7; 롬 11:26)이시며, 믿지 않는 자들에게는 ‘걸림돌’과 ‘거치는 바위’(사 28:16; 롬 9:33)됨을 말하였다.
③ 베드로 역시 이사야서를 인용하여(사 28;16) 예수께서 하나님께서 믿는 자를 구원하시기 위해 ‘시온에 두신 택하신 보배로운 모퉁잇돌’로 묘사하였다(벧전 2:6).
④ 히브리서에서 ‘시온 산’은 “살아 계신 하나님의 도성인 하늘의 예루살렘”과 나란히 언급된다(히 12:22).
⑤ 요한계시록에서 ‘시온 산’은 ‘어린 양’ 예수 그리스도가 144,000명과 함께 있는 천상의 새 예루살렘이다(계 14:1).

요약하면, ‘시온’은 역사적으로는 ‘다윗 성’인 ‘예루살렘’이나 그 주민, 또는 ‘하나님의 전이 있는 곳’을 의미하였으나, 점점 ‘시온 산’은 영적인 의미를 지녀 ‘구원의 산’으로, ‘새 예루살렘’으로 영성화(靈性化)되었다.

유적

오늘날 성지순례 중 방문할 수 있는 '시온 산'의 대표적 유적으로는 '다윗의 묘'와 예수의 마지막 만찬 장소인 '최후의 만찬 다락방'과 베드로가 예수를 부인하고 통곡한 '닭 울음 교회' 등을 들 수 있다. 그 밖에 '마리아 영면 사원'이 있다.

❑ 다윗의 묘(Kebel David Ha-Melek, the Tomb of David)

① 전통적으로 다윗이 조상과 함께 장사된 곳으로 여겨진다(왕상 2:10).
② 오늘날 '다윗의 묘' 아래 적어도 주후 2세기로 거슬러 올라가는 로마 시대, 비잔틴 시대, 십자군 시대 바닥이 있다.
③ 근처에 '성 마리아 시온 사원'(Hagia Maria Sion Abbey)가 위치해 있다.
④ 현재 예수께서 제자들과 최후의 만찬을 하신 다락방과 같은 건물 아래층에 있다.
⑤ 그리스 정교회와 갈등한 후 이곳은 1551년 폐쇄되었으며, 무슬림 가족의 소유가 되었다.
⑥ 1949년 이래 '다윗의 묘'는 청색 천으로 덮여있다.

❑ 최후의 만찬 다락방(Coenaculum, the Cenacle)

① 예수의 '최후의 만찬'(막 14:22-24)과 '성령 강림' 사건(행 1:12-14)이 일어났던 곳이다.
② 이곳은 예루살렘에서 가까워 안식일에 가기 알맞은 길에 위치해 있었다(행 1:12).
③ '살라미스의 에피파니우스'(Epiphanius)에 의하면, 주후 130년 시온 산에 '작은 하나님의 교회'가 있었다.
④ 비잔틴 시대가 시작된 4세기 이곳에 '사도들의 다락방 교회'가 세워졌다.

⑤ 5세기 '모든 교회의 어머니, 시온' 교회가 세워졌다.
⑥ 6세기 마다바 지도에 의하면, 비잔틴 시대 '성 시온 교회'(Hagia Zion)가 세워져 있었다.
⑦ 614년, 965년에 일어난 두 번의 화재로 인하여 세워진 교회가 검게 소실되었다.
⑧ 1335년 프란치스코 수도회는 고대 회당과 교회가 있던 이곳을 재건하여 교회와 수도원을 세웠다.
⑨ 현재 '시온 산' 지역 '다윗의 묘'가 있는 건물 2층에 있는 다락방이다.
⑩ 매년 '고난 주간'의 성(聖) 목요일에 기독교 종파 성직자들이 교회 일치를 위한 기도를 드리기 위해 이곳에 모인다.

TIP

마리아 영면 사원
Dormition Abbey

① 이 사원은 시온 산에 위치해 있는 가톨릭 베네딕트회 소속 사원이다.
② 기독교 전승에 의하면, 예수께서 승천하신 후 그의 모친 마리아가 영원한 잠에 들었다고 전해진 것을 기념하여 세운 사원이다.
③ 비잔틴 시대 주후 534년 경 처음으로 교회가 세워졌다.
④ 14세기 가톨릭 프란치스코 수도회가 여기에 예배당을 세우고, 라틴어로 '성모 마리아의 영면'(Dormitio Beatae Mariae Virginis)의 약어(略語)인 '영면'(Dormition)으로 불렀다.
⑤ 1906년 독일 베네딕트 수도회는 프란치스코 수도회가 세웠던 예배당에 교회와 수도원 건축을 시작하여 1910년 완공하였다.
⑥ 중세의 망대를 연상케 하는 독특한 건축 외관으로 유명하다.

❑ 성 베드로의 닭울음 교회(Ecclesia Catholica Santi Petri in Gallicantu)

① 5세기 말이나 6세기 초에 기록된 문헌에 의하면, 주후 460년경 예루살렘에 거주하던 황후 유도키아(Eudocia)에 의해 '실로암'(Siloam) 못과 '거룩한 시온'(Hagia Zion) 교회 사이에 이 교회가 세워졌다.
② 675년 문서의 기록에 의하면, 이곳에 주후 6세기 수도원 교회가 있었으며, 이곳을 예수를 부인한 베드로가 통곡한 곳으로 여겼다(마 26:75).
③ 이곳은 '헤롯 시대'(주전 37년–주후 70년)의 바위 구조물, 지하실, 저수조, 마구간 등을 포함하고 있으며, 여기서 실로암에 이르는 고대 계단길이 있다. 아마도 예수께서 감람산에서 체포되어 이 길을 통해 가야바의 뜰로 가셨다고 추정된다(막 14:43–59, 60–65).

④ 일부 기독교인들은 이곳을 예수께서 체포되어 끌려왔으나(막 14:53) 그를 베드로가 세 번 부인했던(막 14:66-72) 대제사장 '가야바의 집'으로 여긴다.

⑤ 현재의 교회는 1931년 베드로가 예수를 세 번 부인하고 통곡한 것을 기념하여 가톨릭 '마리아 몽소승천(蒙召昇天)회'(Assumptionist)에 의해 시온 산 동쪽 경사면에 수도원과 함께 세워진 것이다.

⑥ 베드로가 예수를 세 번째 부인했을 때 '닭이 울었다'(gallus cantavit)는 라틴어로부터 이 교회는 '닭울음 교회'(Gallicantu)로 불린다(마 26:74-75).

⑦ 이 교회 지하 동굴에 창문이 없는 감옥이 있는데, 전승에 의하면, 예수께서 체포되신 후 법정으로 가시기 전날 밤 이곳에 갇혀 있었다고 전해진다.

⑧ 여기서 비잔틴 시대 교회의 여러 모자이크가 발견되었다.

⑨ 2003년 이래 수도원의 북쪽에 철제 지붕을 덮은 비잔틴 시대의 예루살렘 모형이 전시되고 있다.

Photo

A24_시온산지역_마가 다락방

A24_시온산지역_베드로 통곡 기념 교회

시온산지역_베드로 통곡 기념 교회

나비_사무엘_외관

유적지 | 예루살렘과 주변

나비 사무엘 Nabi Samuel

위치

나비 사무엘은 예루살렘에서 북쪽으로 약 4km 떨어진, 중앙 신지 해발 약 900m 지점에 위치해 있다. 이곳은 6일 전쟁 전에는 요단 서안(West Bank) 지구에 속해 있었으며, 예루살렘의 북쪽 지구인 라못(Ramot)에서 약 1.3km 떨어진 지점에 있다. 또 나비 사무엘은 예루살렘 인근의 슈아파트(Shuafat) 북쪽과 팔레스타인 자치 지구 라말라(Ramallah)의 남쪽 사이에 있는 '중간 지대'(Seam

Zone)에 놓여 있다.

지명

① 히브리어로 '나비 삼윌'(Nabi Samwil) 또는 '나비 사무일'(Nabi Samuil)로 불리며, 그 뜻은 '선지자 사무엘'이다.
② 이는 선지자 사무엘의 무덤이 이곳에 있었다고 알려져 붙여진 명칭이다.
③ 아랍어로도 '나비 삼윌'(Nabi Samwil) 또는 '나비 사무일'(Nabi Samu'il)로 불린다.

역사

① 전통적으로 이 마을에 사무엘의 무덤이 있다고 전해져 왔다.
② 이로써 비잔틴 시대에 이곳에 수도원이 세워졌는데, 이는 예루살렘으로 가는 기독교 순례자들에게 숙소를 제공해 주었다.
③ 6세기 중엽 로마의 기독교 황제 유스티니아누스(527-565년 재위) 때 사무엘의 매장지인 라마로 알려졌으며, 이곳에 세워진 요새화된 수도원은 수리되고 확장되었다.
④ 7세기 아랍인들이 팔레스타인을 점령한 이래로 10세기까지 이 마을은 유대인과 기독교인에게뿐 아니라 무슬림에게도 순례지가 되었다.
⑤ 1099년 십자군이 아랍의 파티미드 왕조를 제압하고 예루살렘을 탈환한 후 이곳은 '기쁨의 산'으로 불렸다.
⑥ 1173년 십자군 시대 때 사무엘의 매장지에 한 교회가 세워졌다.
⑦ 1730년 오스만 제국에 의해 십자군 시대 교회는 회교의 사원으로 통합되었다.
⑧ 제1차 세계대전 시 1917년 이곳은 오스만 터키와 영국군의 교전으로 심하게 파괴되었으나 1921년 다시 재건되었다.
⑨ 이스라엘이 독립한 1948년부터 6일 전쟁이 발발하게 전 1967년까지 이곳은 요르단의 군사 지휘소였다.

⑩ 두 차례(1993년 Oslo, 1995년 Taba)에 걸친 '오슬로 협정'(Oslo Accords) 이후 이 마을은 이스라엘과 팔레스타인 자치 정부 사이에 맺은 '평화 협약'대로 행정과 치안을 이스라엘이 관할하는 팔레스타인 마을인 C-지역이 되었으며, 2000년대 이후로 '중간 지대' 역할을 하고 있다.

성경

① 구약성경의 사무엘 서에 의하면, 선지자 사무엘은 자신의 생가가 있던 라마(Ramah)에서 죽었고 이곳에서 장사되었다(삼상 25:1; 28:3).
② 라마는 이스라엘이 출애굽하여 가나안을 점령한 후 베냐민의 자손들이 분배받은 마을이었다(수 18:25).
③ 라마는 분열 왕국 시대에 이스라엘과 유다의 경계 지역에 있는 베냐민 지파가 기업으로 받은 땅에 있는 성읍이었다(수 18:25; 삿 4:5).
④ 6세기 기독교인들은 나비 사무엘을 사무엘이 장사된 라마로 여겼다.
⑤ '이츠학 마겐'(Yitzhak Magen)은 1992-2003년 나비 사무엘의 남동편을 발굴하면서 주전 8-7세기로 거슬러 올라갈 수 있는 마을 유적을 발견하였다. 그는 이를 라마가 아니라 베냐민 지파의 미스바(Mizpah)로 여겼다.
⑥ 그러나 유적지에 다른 어떤 유물도 발견되지 않아 이런 주장은 지지를 받지 못하였다.

유적

① 십자군 시대 교회 유적 위에 모스크가 세워져 있다. 건물 아래 굴에 검은 천으로 덮혀 있는 사무엘 가묘(假墓)가 있다.
② 유적지의 북면은 중세 시대 건축 석재 채석을 위해 깎은 흔적이 남아 있는 독특한 암반 지역이다.

③ 유적지 입구에 주전 2세기 거주지와 초기 아랍 통치 시기인 움마야드(Umayyad) 시대(주후 8세기) 그릇을 구운 가마가 발견되었다.
④ 무슬림 공동묘지가 모스크 옆에 있다.
⑤ 그밖에 두 개의 마구간, 우물, 배수 시설, 동굴 등이 발견되었다.

Photo

A25_나비_사무엘_가묘
A25_나비_사무엘_외관

나비_사무엘_가묘

베다니_나사로_무덤

유적지 | 예루살렘과 주변

베다니 Bethany

위치

신약성경에서 예수께서 나사로를 살리셨던 성지 순례지로 유명한 '베다니'는 예루살렘 동편으로부터 약 2.4㎞ 떨어져 있는, 감람산 남동쪽 기슭에 위치해 있는 마을을 가리킨다. 베다니에서 서쪽 감람산 정상 쪽으로 올라가면 '벳바게'(Bethphage)가 있으며, 여기서는 예루살렘 성전이 보였지만, 베다니에서는 감람산 기슭이라 성전을 볼 수 없었다. 요한에 의하면, 베다니는 예루살렘에서 '오 리'

쯤 떨어져 있었다(요 11:18). 이때 '오 리'(한글 성경)란 원문에서는 '15 스타디온(stadion)'인데, 1 스타디온(600 걸음)이 약 185m 정도 되므로, 대략 2.8㎞에 이른다.

지명

① '베다니'는 히브리어로는 '벧 아니아'(Beth Aniya)이며, 이를 헬라어로 음역(音譯)하면 '베다니아'(Bēthania)인데, 이는 '고통 또는 가난의 집'을 의미한다.

② 쿰란 공동체의 『성전(聖殿) 두루마리』(XLVI:13-18)에 의하면, 예루살렘 동편에 병자를 돌보는 곳이 세 군데 있었는데, 그 중 한 곳은 당시 부정(不淨)하다고 배척받았던 나병환자를 돌보는 곳이었다. 이는 '고통의 집'이라는 지명과 어울린다.

③ 아랍어로는 '알-에이자리야'(al-Eizariya)이나 '알-아자리야'(al-Azariya)로 불린다. 그 뜻은 '라자로(Lazarus, 한글 성경에서는 나사로)의 장소'이다. 이는 예수께서 이곳의 무덤에서 죽은 나사로를 살리셨다는 요한복음의 본문(요 11:1-44)에 근거를 둔 명칭이다.

④ 4세기 교회사가 유세비우스(Eusebius)는 주후 330년 자신의 지명록(地名錄)인 『오노마스티콘』(Onomasticon)에서 이 마을에 대해 다음과 같이 기술하였다. 곧 베다니는 "엘리아스(예루살렘)에서 두 번째 마일에 있는 감람산 기슭에 위치해 있는 마을로, 이곳에서 그리스도께서 나사로를 살리셨다. 오늘날까지 나사로의 자리로 알려져 있다."

역사

① 쿰란에서 발견된 『성전 두루마리』에 의하면, 이곳에 가난한 자를 구제하는 구빈원(救貧院)이 세 곳 있었고, 그 중에 한 구빈원은 나병환자를 돌보는 곳이었다. 이는 복음서에서 베다니에 나병환자 시몬의 집이 있었다는 본문(막 14:3; 마 26:6)과 또 "가난한 자

들은 항상 너희와 함께 있으니"(막 14:7; 마 26:11)라는 본문과 일치한다.

② 예수 당시 베다니는 예루살렘 근교에 거주하기를 바랐던 갈릴리 사람들의 정착지였으며, 갈릴리 사람들이 예루살렘 순례 전에 머무는 마지막 숙박지였다.

③ 주후 1세기 이곳에 나사로가 묻혔다는 무덤 동굴과 공동묘지가 있었다.

④ 이 무덤 동굴은 주후 333년 성지 순례자 보르도(Bordeaux)에 의해 알려졌다.

⑤ 제롬(Jerome)에 의하면, 4세기 말 나사로의 무덤 근처에 비잔틴 교회와 부속 수도원이 세워졌다. 유세비우스의 기록을 라틴어로 번역했던 제롬은 390년 "지금까지 그곳에 건축되고 있는 교회"(ecclesia nunc ibidem extructa)를 '라자리움'(Lazarium)으로 불렀다. 이 교회는 410년 성지 순례자인 에게리아(Egeria)에 의해서도 언급되었으며, 본당 바닥 모자이크에 작은 십자가가 새겨져 있는데, 이로써 이 교회는 427년 데오도시우스(Theodosius) 황제가 기독교 예술에서 십자가 사용을 금지하기 전에 지어졌음을 알 수 있다.

⑥ 지진에 의해 파괴된 후 주후 6세기 두 번째 교회가 건축되었다.

⑦ 12세기에 십자군 시대 황후 멜리산(Melisande)은 이곳을 베네딕트 수녀원으로 만들었으나, 1187년 살라딘에 의해 파괴되었다.

⑧ 14세기 말엽 두 교회는 폐허가 되었고, 나사로 동굴 무덤 입구는 회교 사원으로 바뀌었다.

⑨ 16세기 중엽 프란치스코 수도회는 동굴 무덤에 이르는 현재의 입구를 새롭게 만들었다.

⑩ 이 수도회는 1954년 새로운 교회와 부속 수도원을 건축하였다.

⑪ 1965년 바로 무덤 서편에 그리스 정교회 교회가 세워졌다.

성경

① 예수께서 마지막 예루살렘 입성 시 이곳에서 유월절 절기 동안

머무셨다(마 21:17; 막 11:1; 눅 19:29).

② 예수께서 마지막 유월절을 보내실 때 여기서 감람산 산등성이에 있는 벳바게로 해서 기드론 골짜기를 지나 예루살렘을 다니셨으며(막 11:1-10, 11, 12), 종려주일에 이 경로로 예루살렘 성전을 둘러보시고 저녁에 다시 베다니로 돌아왔다(막 11:11).

③ 예수께서 예루살렘 입성 시 이 마을 가까이에서 제자 둘을 예루살렘에 보내어 타고 가실 나귀 새끼를 끌고 오라고 말씀하셨다(막 11:1-10; 눅 19:28-38).

④ 예수께서 마르다와 그 자매 마리아가 살고 있는 이곳에서 병들어 죽은 그들의 오라버니인 나사로를 다시 살리셨다(요 11:1-44).

⑤ 예수께서 나사로를 살리신 후 이 마을에 있는 나병환자 시몬의 집에서 식사하실 때에 한 여자가 와서 예수의 머리에 향유를 붓는 것을 허락함으로써 자신의 장례를 준비하셨다(마 26:6-13; 막 14:3-9; 요 12:1-8).

⑥ 부활하신 후 예수께서 제자들을 데리고 베다니 앞까지 나가서 손을 들어 그들을 축복하시고 승천하셨다(눅 24:50).

⑦ 누가복음에 예수께서 마리아와 마르다의 집을 방문하신 일이 기록되어 있으나, 이때 베다니 마을은 언급되지 않았다(눅 10:38-42).

유적

① 현재 나사로의 빈 무덤 동굴 위에 회교 모스크(Mosque el-Ozir)가 세워져 있다.

② 모스크로 덮여진 동굴 양쪽으로 두 교회가 세워져 있다.

③ 나사로의 무덤 약간 위 경사면에 그리스 정교회 교회가 세워져 있으며, 빈 무덤 바로 아래 경사면에 프란치스코 수도회 소속의 '성 나사로 교회'가 서있다.

④ 모스크는 원래의 입구를 통해 나사로의 동굴 무덤으로 연결되어 있다.

⑤ 4세기 교회 석조물, 5세기 교회의 기둥과 정면, 십자군 시대 수

도원과 순례자 식당 등의 유적이 남아 있다.

⑥ 현재 이곳은 팔레스타인 지역이어서 방문에 어려움이 있다.

⑦ 16세기 말 이래 나있는 나사로 동굴 무덤의 새로운 입구에서 서쪽의 감람산 산등성이 쪽으로 조그만 올라가면 바로 벳바게이다.

⑧ 현재의 나사로 동굴 무덤 입구 쪽으로 조금 걸어서 올라가면 그리스 정교회 소속 교회가 나타나고 왼쪽으로 베네딕트 수녀들이 무슬림의 공격에 피신했던 무너진 십자군 망대 유적을 발견할 수 있다. 그 벽은 약 4m에 이르며, 한 저수조를 에워싸고 있다.

Photo

A26_베다니_나사로_무덤
A26_베다니_나사로 무덤_입구

베다니_나사로 무덤_입구

A27

엔케렘_마리아 방문 교회_우물

유적지 | 예루살렘과 주변

엔 케렘 En Kerem

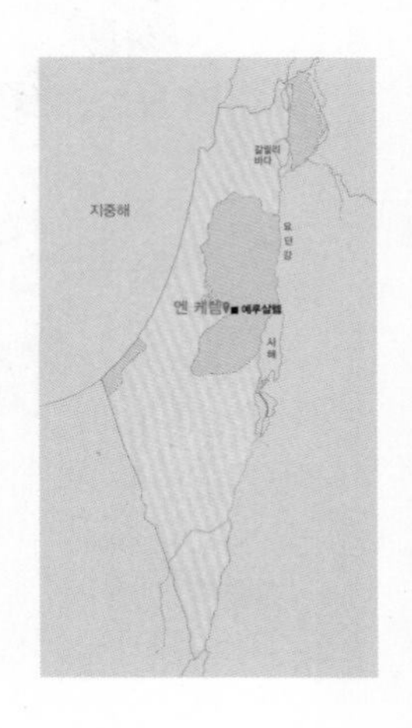

 위치

엔 케렘은 적어도 주전 2천 년 이래로 있었던 고대 마을이었다. 현재 예루살렘 남서쪽으로 2.4km 지점에 있는 유대 산지 지역에 있으며, 1961년 주변의 언덕 정상에 히브리 대학교 의과 대학과 하닷사(Hadassah) 병원이 있다.

지명

① 히브리어로 '에인(엔) 카렘'(Ein Karem) 또는 '에인(엔) 케렘'(Ein Kerem)은 '포도원의 샘'을 의미한다.

② 이스라엘 분열 왕정 시대에 엔 케렘은 예레미야가 언급했던 예루살렘과 드고아 부근에 있던 '벧학게렘'(Beth-Haccerem)으로(렘 6:1), 지금의 명칭은 '키르벳 살리흐'(Khirbet Salih)이다. 느헤미야 당시 예루살렘에서 얼마 떨어져 있지 않은 이 성읍을 다스리던 말기야가 분문을 다시 세웠다(느 3:14).

역사

① 이곳에 샘(Ein)이 있어 오래 전부터 사람이 거주했을 것으로 추정된다.

② 중기 청동기의 토기가 발견된 것을 고려할 때, 사람들이 이곳에 정착한 때는 주전 2천 년 경으로 여겨진다.

③ 기독교 전승에 의하면, 엔 케렘은 제사장 사가랴와 그 아내 엘리사벳이 거주하던 '유대 산골의 한 동네'(눅 1:39-40)였다.

④ 비잔틴 시대와 십자군 시대에 이곳에 여러 교회들과 수도원이 세워졌다.

⑤ 1596년 오스만 터키의 징세 장부에 의하면, 이 마을에 무슬림 가정이 29가정이 살았다.

⑥ 17세기 기독교 프란시스칸(Franciscan) 교단은 오스만 터키 황제(Sultan)의 영을 받아 십자군 시대 세워진 교회를 구입하여 재건하였다.

성경

① 예레미야는 베냐민 자손들에게 예루살렘에서 피난하라고 말하면서 벧학게렘을 위급 상황 시 신호를 보낼 수 있는 봉화대가 있는 곳으로 묘사하였다(렘 6:1).

② 느헤미야는 성벽 건축에 참여한 사람들을 언급하면서 벧학게렘을 다스리던 말기야가 예루살렘의 분문을 중수한 자로 언급한다(느 3:14).

③ 복음서 저자 누가는 세례 요한과 예수의 탄생을 기록하면서, 세례 요한의 부친 사가랴가 거주하던 집이 있던 '유대의 산골 동네'(눅 1:39)를 언급하는데, 기독교 전승은 이곳을 '엔 케렘'으로 여긴다. 누가복음 1장에 언급된 '세례 요한과 예수의 탄생' 기사의 요지는 다음과 같다.

ⓐ 아비야 반열의 제사장 사가랴에게 가브리엘 천사가 나타나 세례 요한의 탄생을 알리고 증표로 사가랴의 말문을 막는다(1:5-23).

ⓑ 아론의 자손이자 사가랴의 아내 엘리사벳이 잉태하여 다섯 달을 숨어 지낸다(1:24-25).

ⓒ 여섯 째 달 가브리엘이 나사렛에 나타나 요셉과 약혼한 마리아에게 나타나 수태를 고지한다(1:26-38).

ⓓ 마리아가 유대 산골 마을 사가랴의 집을 방문하여 엘리사벳에게 문안한다(1:39-45).

ⓔ 마리아가 수태하게 하신 하나님을 찬양한다(1:46-55, '마리아 찬가').

ⓕ 마리아가 엘리사벳 집에 석 달을 있다가 나사렛 집으로 돌아간다(1:56).

ⓖ 세례 요한이 출생하고 사가랴가 다시 말을 하게 된다(1:57-66).

ⓗ 사가랴가 아들을 주신 하나님을 찬양한다(1:67-79, '사가랴 찬가').

ⓘ 세례 요한이 자라며 이스라엘에 나타날 때까지 빈 들에 있었다(1:80).

유적

엔 케렘의 대표적인 유적으로는 '세례 요한 교회'와 '방문 교회'를 들

수 있다.

❑ 세례 요한 교회(Church of St. John the Baptist)

① 기독교 전승에 의하면, 세례 요한의 탄생지로 알려진 동굴 위에 세워진 교회이다(눅 1:57-58).
② 가톨릭 프란시스칸 수도회는 1674년 이 지역을 입수하여 19세기 중엽 현재의 교회를 지었다.
③ 제단 서편에 세례 요한 탄생 동굴로 알려진 소예배실이 있다.
④ 이 교회는 비잔틴 시대 교회(5, 7세기)와 십자군 시대의 교회(11-12세기) 유적 위에 세워졌다.
⑤ 본당은 십자군 시대(11-12세기) 때 건물 유적 위에 세워졌다.
⑥ 본당 동편의 홀은 십자군 시대(12세기)의 것이다.
⑦ 본당 정문 바닥 아래 1885년에 발굴된 것으로 "하나님의 순교자"라고 새겨져 있는 5세기 당시 모자이크 비문과 순교자의 무덤이 있다.
⑧ 예배당 입구 오른쪽에서 제2성전 시기의 유대인 정결탕(Mikve)이 발견되었다.
⑨ 이곳에서 1894년 지어진 동방정교회 소속 예배당 유적이 발견되었다.

❑ 방문 교회(Church of the Visitation)

① 이 교회는 세례 요한 탄생 교회가 있는 엔 케렘 도심에서 남서쪽으로 떨어진 언덕에 세워졌는데, 이곳은 세례 요한의 부모인 사가랴와 엘리사벳의 여름 별장으로 알려져 있으며, 여기서 예수의 모친 마리아가 사촌인 엘리사벳을 만났다.
② 방문 교회는 마리아가 엘리사벳을 방문한 것을 기념하여 지어진 교회이다.

TIP

안토니오 발루찌
Antonio Barluzzi, 1884 -1960년

발루찌는 로마 가톨릭 프란체스코회 수도승으로서 유명한 이탈리아 출신 '성지 건축가'로 알려진 인물이다. 그는 바티칸의 성 베드로 성당의 보수 책임자로 일하기도 하였다. 그가 건축한 성지의 건축물로는 겟세마네의 '열방 교회'(Church of All Nations), 다볼 산 위의 '변모 교회'(Church of the Transfiguration), 엔 케렘의 '방문 교회', 베다니의 '라사로 무덤 교회'(Church & Tomb of St. Lazarus), 감람산의 '눈물 교회'(Dominus Flevit), 베들레헴 '목자들의 들판'(Shepherds Fields)의 천사 교회'(Church of the Angels) 등이 있다.

③ 초기의 기독교인들이 이곳에 방문교회를 기념 교회로 세웠는데, 현재의 교회는 이탈리아의 유명한 성지 건축가 '안토니오 발루찌'(Antonio Barluzzi)에 의해 고대 교회 유적터에 1955년 세워진 것이다.
④ 현재의 교회는 20세기 중엽 발루찌에 의해 2층으로 지어졌다.
⑤ 상층 안벽에 토레(A. Della Torre)가 세례 요한의 주요 일생을 담아 그린 세 개의 뛰어난 벽화(fresco)가 그려져 있다.
⑥ 왼쪽 벽화는 성전에서 향을 피우는 제사장 사가랴를 보여준다.
⑦ 가운데 벽화는 마리아가 사촌 엘리사벳을 만나는 장면을 묘사한다.
⑧ 오른 편 벽화는 로마 병사들이 엘리사벳의 아들 요한을 비롯하여 죽일 사내아이를 찾고 있는 장면을 보여준다.
⑨ 아래 층 예배당 정면의 벽에 각국 언어로 번역된 '마리아의 찬가'(Magnificat, 눅 1:46-55)가 타일에 새겨져 전시되고 있다.
⑩ 엔 케렘에 있는 그 밖의 유적으로는 기독교 전승에 의하면 마리아와 엘리사벳인 만난 곳으로 알려진 '마리아 샘'이 있고, 또 19세기 말 러시아 정교회에 의해 세워진 '모스코비아'(Moscovia)라는 별명을 가진 '고르니 수도원'(Gorny Monastry)과, 유대교인이었으나 기독교인으로 개종한 프랑스인 두 형제에 의해 세워진 시온의 성모 수녀원 소속의 수도원이 있다.

Photo

A27_엔케렘_마리아 방문 교회_우물
A27_엔케렘_세례 요한 탄생 기념 교회

엔케렘_세례 요한 탄생 기념 교회

A27

베들레헴_목자들의_들판 교회

유적지 | 유대 산지

베들레헴 Bethlehem

위치

① 예루살렘으로부터 남서쪽 방향 약 10㎞ 지점에 위치한다.
② 팔레스타인 자치 지역 내 위치해 있다.

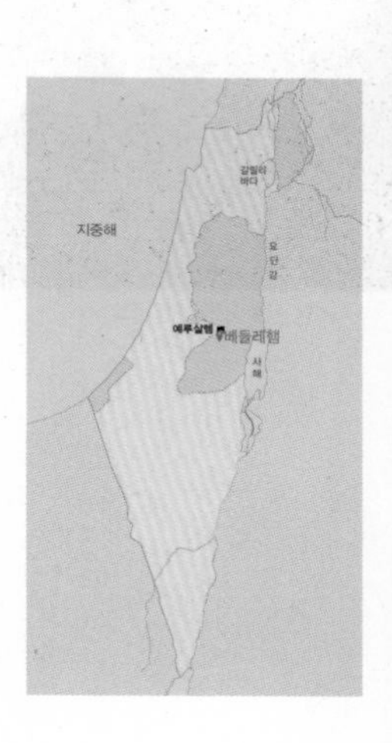

지명/지리

① 히브리어로 '떡집', 아랍어로는 '고기의 집'이라는 뜻이다.

② 베들레헴은 유대 구릉지역에 속하며, 해발 777m의 산지에 자리 잡고 있다.

역사

① 주후 2세기 기독교 변증가였던 저스틴(Justin)은 그의 글에서 예수가 태어나신 베들레헴의 동굴에 관해 언급한다. 당시의 집은 근처의 동굴을 끼고 짓는 경우가 많았다.

② 로마 당국은 하드리안 황제 때(주후 135년)부터 180년 동안 담무스(아도니스)에게 봉헌하는 숲을 조성하고, 예수탄생동굴에 그 신전을 세웠다. 이를 가리켜 주후 395년 제롬은 그의 『서신』(Epistle) 58에서, '가장 신성한 장소'(most sacred spot)를 그늘지게 한 사건으로 묘사한다.

③ 주후 325년 콘스탄티누스 황제 때 와서야 이 신전은 철거되었다. 이어 주후 339년 5월 31일에 베들레헴에 처음으로 예수탄생 교회가 봉헌되었고, 건물은 예수탄생 동굴 위에 세워졌으나 유대인과 사마리아인의 전쟁 중 530년경 화재를 입었다.

③ 주후 384년 제롬이 베들레헴으로 와서 정착한 뒤 베들레헴은 수도원 운동의 중심지가 되었다. 그는 성경을 라틴어로 번역하였다(Vulgate).

④ 주후 565년 유스티니아누스 황제가 베들레헴에 있던 기존의 작은 교회 건물을 새로 더 크게 지어 베들레헴에서 가장 크고 아름다운 건물로 짓도록 했다는 기록이 알렉산드리아 출신인 유티키우스(Eutychius)에 의해 남아있다. 이 건물이 현재 지금까지 남아 있는 교회 건물이다.

⑤ 주후 614년 페르시아가 이스라엘을 점령했을 때 대부분 교회의 파괴에도 불구하고 예수탄생 교회가 피해를 당하지 않은 이유는, 동방박사의 모자이크 벽화가 페르시아 복장을 하고 있었기 때문이라고 한다.

⑥ 주후 1187년 십자군의 라틴왕국이 멸망한 뒤에도 이슬람 교도들은 예수탄생 교회 건물을 보존하였지만 보수 공사를 많이 하지

못하게 하고 때때로 약탈을 당해 15세기의 순례자들의 기록에 따르면 마치 건초더미가 없는 헛간과 같은 상태였다고 한다.

⑦ 현대 베들레헴은 팔레스타인 위임통치령(1923-48년)이었다가, 아랍-이스라엘 전쟁(1948-49년) 후 요르단에 합병되어 알쿠드스(예루살렘) 주에 편입되었다.

⑧ 1967년 6일 전쟁 이후에는 서안(West Bank) 지구에 속하게 되어 이스라엘의 통치하에 있다.

성경

① 야곱의 아내 라헬이 베냐민을 낳다가 죽어 야곱이 묘비를 세운 곳이다(창 35:19-20).

② 모압 여인 룻이 나오미와 더불어 다시 돌아와 다윗을 낳은 곳이다(룻 1:19).

③ 다윗이 태어나고 사무엘이 다윗에게 기름을 부은 장소이다(삼상 16:1).

④ 베들레헴 남쪽에 예루살렘에 물을 공급한 솔로몬의 못이 있다(아 4:12).

⑤ 다윗의 우물이 있던 곳이다(삼하 23:14-17).

⑥ 르호보암이 요새화한 성읍 중 하나이다(대하 11:5-12).

⑦ 메시아의 탄생지로 예언되었던 곳이다(미 5:2, 베들레헴 에브라다야 너는 유다 족속 중에 작을지라도 이스라엘을 다스릴 자가 네게서 내게로 나올 것이라).

⑧ 예수께서 탄생하신 곳이다(마 2:1-12; 눅 2:4).

유적

❑ 예수탄생 교회(Church of the Nativity)

① 건물 자체는 전형적인 로마식 성당 건물로 다섯 개의 통로가 있고 동쪽 끝에 제단이 있다.

② 벽면에는 금색의 모자이크가 있었는데, 현재는 거의 퇴색되었다.
③ 원래의 바닥은 현재 덮여져 있지만, 바닥에 있는 문을 들어 올리면 원래의 모자이크가 있는 바닥을 볼 수 있다.
④ '겸손의 문'(Door of Humility): 교회 입구는 높이 1.2m의 매우 작고 낮은 문으로 되어 있다. 원래 아치형으로 되어있던 출입문을 막은 흔적이 보이는데 이는 맘루크(Mamluk) 시대에 약탈자들이 교회 안으로 수레를 몰고 들어가지 않도록 하기 위함이었다.

❑ 예수탄생 바실리카(Basilica of the Nativity)

① '베들레헴의 별': 지하에는 아기 예수의 탄생지점을 표시한 별모양의 자리가 있다.
② 전형적인 로마식 바실리카 양식을 띠며, 5개의 통로와 동쪽 끝 앱스(apse)가 있다.
③ 현재 그리스정교회 예루살렘 관구(Greek Orthodox Patriarchate of Jerusalem)가 관리하고 있다.

❑ 젖 동굴 교회(Church of the Milk Grotto)

① 예수탄생 교회로부터 50m 떨어진 곳에 위치한다.
② 헤롯의 박해를 피해 이집트로 가던 중(cf. 마 2:13-15) 마리아가 아기 예수께 젖을 먹이던 곳이라고 한다. 마리아가 수유 중 젖 방울이 바위에 떨어졌는데, 바위가 하얗게 변했다는 전승이 있다.
③ 1871년 프란체스코회에서 이곳을 기념하여 교회를 세우고 현재 관리하고 있다.

❑ 목자들의 들판 교회(Church of the Shepherds' Field)

① 벧 사후르(Bet Sahur) 근처에 위치한다.
② 아기 예수 탄생 소식을 처음 들은 목자들이 천사를 만난 곳에 지어진 기념 교회이다.

③ 1954년 프란체스코회에서 '목자들의 들판' 지역을 매입하고 교회를 건축했다. 라헬의 무덤 등이 있다.

이외에 요셉의 집(House of Joseph), 라헬의 무덤(Tomb of Rachel) 등의 유적이 있다.

Photo

A28_베들레헴_목자들의_들판 교회
A28_베들레헴_예수탄생 교회 지하_탄생지

베들레헴_예수탄생 교회 지하_탄생지

헤로디온_궁전

유적지 | 유대 산지

헤로디온 Herodion

위치

① 예루살렘 남쪽 15㎞ 지점, 베들레헴 남동쪽 약 5㎞ 지점에 위치한다.

② 헤로디온은 천연 요새 요건을 갖춘 해발 830m의 산 정상에 건립되어 멀리 유대사막과 사해까지 조망할 수 있다.

③ 유대광야의 서쪽 기슭에 어떤 방면에서도 보이도록 솟아있는 텔 헤로디온을 기반으로 하여 헤롯 대왕이 그 정상에 조성한 궁전의 요새이다.

지명/지리

① 헤롯 대왕이 주전 40년 마사다로 피신할 때 승리한 지연전술행동을 기념하기 위해 주전 24-15년 세운 인공 요새로서(요세푸스, 『고대사기』 XIV 352-60), 자신의 이름을 붙인 지명이다.
② 헤로디온은 예루살렘과 가까운 거리에 있어서 이상적인 여름 별장 자리다.
③ 헤롯 대왕은 자신이 죽으면 헤로디온에 장사되길 원할 정도로 이곳을 좋아했다.
④ 평시에는 그 지역의 행정 중심 도시였다.

역사

① 헤롯 대왕은 아들 아켈라오(주전 4-주후 6년)에게 헤로디온을 물려주었다.
② 그러나 아켈라오가 로마에 의해 추방당한 뒤, 로마 총독의 손에 들어갔다.
③ 1차 유대-로마 전쟁(66-70년)으로 유대인의 수중으로 들어갔다. 이때 열심당원들은 여기에 회당과 제의 정결탕인 미크베를 건축했다.
④ 132년까지 황폐하게 방치되었다가, 135년 바르 코흐바 혁명 시 다시 유대인의 수중에 들어갔다. 헤로디온은 반란군의 행정 중심지가 되었다.
⑤ 주후 5-7세기 비잔틴 시대에는 수도사들이 헤로디온에 와서 그 요새를 수도원으로 만들고 그 주변에 교회들을 지었다.

성경

① 헤롯 대왕은 동방박사들로부터 예수탄생의 소식을 들었다(마 2:1-12).
② 동방박사들로부터 기별이 없자, 자신의 왕위에 위협을 느낀 헤

롯 대왕은 영아학살명령을 내린다(마 2:13-18).

유적

① 유적지는 원형의 요새 상부 헤로디온(1962년 발굴)과 많은 궁전 부속 시설이 있는 하부 헤로디온(1972년 발굴) 등, 두 지역으로 구분된다.

② 헤롯의 여름 궁전, 요새, 기념건축물, '로마 정원'의 풀장 복합물, 로마식 목욕탕, 장례길, 물 저장소, 비잔틴 교회, 회당, 제의 정결탕, 터널 등이 있다.

③ 1972년부터 발굴이 시작되었고 발굴된 모자이크 바닥과 프레스코 벽화는 헤롯 궁전의 일부로 추정된다.

④ 헤롯 궁전 건물에는 7층으로 된 4개의 탑, 목욕탕, 정원, 로마식 극장, 잔치를 할 수 있는 연회장, 산책로, 침실을 포함한 숙소 등이 있다.

⑤ 로마식 목욕탕 건물은 돔 형태의 지붕을 갖고 있으며 잘 보존이 잘 되어있다. 열을 전달하는 파이프가 포함된 벽면이 있으며, 목욕탕 주변은 기둥이 열을 짓고 서있는 로마 양식이다.

⑥ 헤롯 대왕이 죽고 유대인들의 반란이 시작된 이후 헤로디온은 사람들이 더 이상 거주하지 않고 버려진 채 있었다.

⑦ 유대인들은 후에 헤로디온의 아래쪽에 회당 건물을 세웠고 그 건물은 지금까지 남아 있다. 이 회당은 70년 예루살렘 멸망 이전의 건물로 갈릴리 스타일의 회당 건물이다.

⑧ 요새는 원형으로 되어 있으며 사방에 탑이 있다. 요새 내부에는 터널과 저수조가 있다.

⑨ 2010년에 로마식 극장이 발굴되었다. 헤롯과 그의 손님들은 이곳에서 연극과 공연을 관람했을 것이다. 이 극장은 총 650명 정도의 사람이 수용 가능한 규모다.

⑩ 극장의 벽면에는 이탈리아와 이집트의 나일강의 풍경이 그려져 있다.

⑪ 2007년에 헤롯의 무덤이 발견되었다. 하지만 무덤의 아래쪽은

아직 발굴이 완결되지 않았고, 2010년부터 일반에게 공개되지 않고 있다.

⑫ 현재 헤롯의 무덤인지 아닌지를 놓고 학자들 간에 논쟁이 있다.

Photo

A29_헤로디온_궁전
A29_헤로디온_전경

헤로디온_전경

헤브론_막벨라 굴

유적지 | 유대 산지

헤브론 Hebron

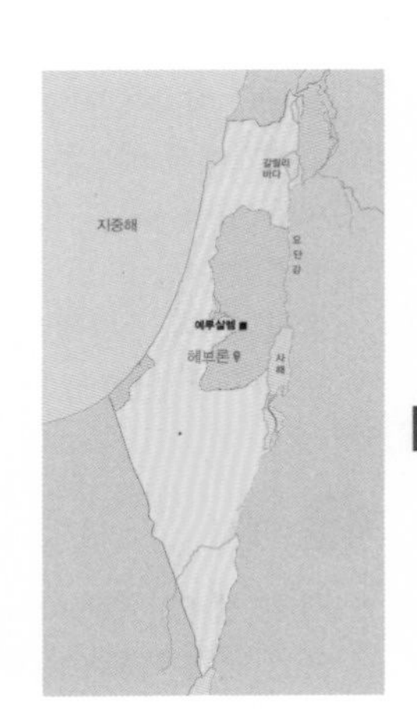

위치

기독교인, 유대교인, 무슬림 모두에게 성지가 되는 '헤브론'은 예루살렘에서 남쪽으로 약 30㎞, 브엘세바에서 북쪽으로 약 37㎞ 떨어져 있으며, 유대 산지 중 해발 930m의 산등성이에 위치해 있는, 요단 '서안'(West Bank) 지구에서 가장 큰 역사적 도시이다. 이는 유대인에게 예루살렘 다음으로 거룩하게 여겨지는 도시이며, 무슬림에게도 메카, 메디나, 예루살렘 다음으로 중시되는 성지이다.

지금도 팔레스타인 자치 정부의 영토에서 헤브론은 가자(Gaza) 다음으로 큰, 인구 25만 명의 대도시다.

지명

① 히브리어 '헤브론'(Hebron)은 '연합하다' 또는 '묶다'라는 뜻을 지니고 있는 셈어 '하바르'(Habar)에서 유래된 지명으로, '연합' 또는 '친구'를 의미한다.
② 아랍어로는 '할릴 알-라흐만'(Khalil al-Rahman)으로, '자비로우신 분의 사랑받는 자' 또는 '신(神)의 친구'라는 뜻을 지니고 있는데, 아랍어 '할릴'(Khalil)은 '친구'를 의미하는 히브리어 '하베르'(Haber)를 옮긴 말로 여겨진다.
③ 이 도시의 옛 지명 '기럇아르바'(창 23:2)는 '기럇'과 '아르바'의 합성어다. 히브리어로 '기럇'(kiryath)은 '도시', '아르바'(arba)는 '넷'을 뜻한다. 이는 자구(字句)적으로는 '넷의 도시'라는 의미이지만, 때때로 이곳에 매장되었던 '네 선조(아브라함, 이삭, 야곱, 요셉) 부부', '네 부족', '네 지역', '네 언덕', '네 도로'의 성읍으로 추정되기도 한다. 여호수아는 '아르바'를 '아낙 사람 중 가장 큰 사람'으로 묘사하였다(수 14:15). 제롬(Jerome)은 '넷의 성읍'을 아담, 아브라함, 이삭, 야곱의 성읍으로 해석하였으나, 그럴 가능성은 희박하다.
④ 창세기에서 헤브론을 '마므레'(Mamre)로도 불렸다(창 23:19).
⑤ 이곳은 비옥하고 지하수가 풍부하여, 포도 재배와 석류, 무화과 산지였다(민 13:22-24). 이집트를 벗어난 이스라엘이 이곳을 정탐할 때 이 주변에서 포도를 베어, 그 이름을 '에스골(포도송이) 골짜기'라 불렀다.

역사

① 현재 '텔 엘-루메이다'(Tel el-Rumeida)에 위치해 있는 초기 청동기 시대 헤브론은 네피림의 후손 아낙의 세 자손(아히만, 세새,

달매)에 의해 이집트의 소안(Zoan)보다 7년 전에 세워졌으며(민 13:22, 33), 주전 18-17세기에 번영하다가 화재로 소실되고, 다시 재건되었던 가나안의 고대 도시이다.

② 이스라엘이 가나안을 정복한 후, 이곳은 유다 지파의 갈렙에게 분배되었다(수 14:12-15).

③ 헤브론은 다윗이 유다 족속의 왕이 되어 7년 반 동안 다스렸던 전략적 요충지였다(삼하 2:11).

④ 첫 번째 성전이 함락된 주전 587년 헤브론은 에돔 사람에게 넘어갔다가 바벨론 포로 귀환 후 유다 자손의 거주지가 되었다(느 11:25).

⑤ 요세푸스(『고대사기』 XII.8.6)에 의하면, 주전 167년 유다 마카비와 그 형제들이 에서의 자손들이 사는 헤브론과 그 주변 마을을 점령(마카비 1서 5:65)하였으나, 유대-로마 전쟁(주후 66년)이 발발될 때까지도 이두매인들이 여전히 머물러 있었다.

⑥ 헤롯 대왕(주전 37-4년 재위)은 이곳에 있는 '족장들의 굴' 주위를 석벽으로 둘렀다.

⑦ 유대-로마 전쟁 때 이곳은 유대 열심당원들에게 점령되었다가, 로마 군대에 의해 황폐화되었다.

⑧ 주후 135년 '시몬 바르 코흐바'(Simon Bar Khohba)가 로마군에게 패한 후 이곳의 유대인들은 노예로 팔렸다.

⑨ 비잔틴 시대 유스티니아누스 황제(6세기) 때 막벨라(Machpelah) 굴 위에 교회가 세워졌다.

⑩ 7세기 아랍의 침입으로 함락되고, 이곳에 이슬람 사원이 들어섰으나 칼리프 오마르(Omar)의 허락으로 이곳 헤롯의 성벽 안에 작은 유대인 회당이 세워졌다.

⑪ 1099년 십자군을 지휘한 고프리(Godfrey de Bouillon)에 의해 점령된 다음, 이 도시는 '성(聖) 아브라함의 성'(Castellion St, Abraham)으로 개명되고, 십자군 왕국의 남쪽 지역 수도가 되었다. 이때 십자군은 이슬람 모스크와 유대교 회당을 기독교 교회로 바꾸었다.

⑫ 1187년 쿠르드 출신 무슬림 살라딘(Saladin)이 헤브론을 점령한

후 이 도시의 이름을 '알-칼릴'(Al-Khalil)로 바꾸고 네 개의 첨탑(minaret)을 세웠는데, 그 중 두 개가 남아 있다.

⑬ 이 도시는 오스만 터키의 통치를 받다가, 1917년 영국의 점령지가 되었고, 1948년 '아랍-이스라엘 전쟁' 이후 요단 서안 지구에 속하게 되었다.

⑭ 1967년 '6일 전쟁'으로 헤브론은 이스라엘의 점령지로 바뀌었다.

⑮ 1995년 '오슬로(Oslo) 협정'과 1997년 그 후속 협약인 '헤브론 협정'으로 헤브론은 두 지구로 나누어졌다. 곧 팔레스타인 자치정부가 관할하는 'H1 지구'(80%, 약 12만 명의 팔레스타인인)와 이스라엘이 통제하는 'H2 지구'(20%, 700명의 유대인과 약 3만 명의 팔레스타인인)가 그것이었다.

성경

① 헤브론은 롯이 아브람을 떠난 후 하나님의 땅에 대한 약속을 받아 장막을 옮겨 마므레 상수리 수풀에 거주하며 여호와를 위하여 단을 쌓은 곳이다(창 13:18).

② 아브라함이 죽은 아내 사라의 장례를 치루기 위해 마므레 앞 막벨라에 있는 헷 사람 에브론의 밭과 거기에 속한 굴을 샀다(창 23:2, 17-30).

③ 사라(창 23:19)와 아브라함(창 25:9), 이삭(창 35:27-29)과 리브가(창 49:31), 야곱(창 50:13)과 레아(창 49:31)가 장사된 곳이다.

④ 이스라엘이 이집트를 나와 가나안을 정복하기 전 40일 동안 정탐한 곳이다(민 33:22).

⑤ 이곳은 이스라엘이 가나안을 정복한 후 유다 지파 갈렙에게 분배되었다(수 14:13-15).

⑥ 여호수아가 모세가 받은 여호와의 명을 따라 부지중에 실수로 사람을 죽인 사람이 피신할 수 있는 '도피성'으로 삼은 여섯 성읍 중 하나다(수

TIP

도피성

모세가 하나님께로부터 받은 도피성 성별 규정(민 35:9-34)을 따라 여호수아가 구별한 도피성은 모두 여섯인데, 요단 강 좌우편에 각 세 성읍을 구별하여 세웠다. 요단 서편에는 납달리 산지 갈릴리의 '게데스', 에브라임 산지의 '세겜', 유대 산지의 '기럇 아르바' 곧 '헤브론'을 두었으며, 요단 동편으로는 르우벤 지파 땅 평지 광야의 '베셀', 갓 지파 분배지 중 '길르앗 라못', 므낫세 지파의 기업 중 '바산 골란'을 구별하였다.

20:7-8).
⑦ 다윗이 유다 족속의 왕이 되어 7년 반 동안 다스렸던 곳이다(삼하 2:11).
⑧ 다윗이 헤브론에서 암논과 압살롬 등 여섯 아들을 낳았다(삼하 3:2-5).
⑨ 다윗의 아들 압살롬이 부친에 대하여 반역을 일으킨 곳이다(삼하 15:7-12).
⑩ 분열왕국 시기에 남 유다 르호보암 왕이 통치 초기에 요새화한 성읍이다(대하 11:10).
⑪ 바벨론 포로기 이후 유대인들이 귀환하여 그 일부가 이 성읍에 거주하였다(느 11:25).

유적

① 주전 1세기 헤롯 대왕은 유대인의 환심을 사기 위해 이스라엘의 선조들이 매장되었던 막벨라 굴 위 주변에 다듬은 견고한 석재(최대 크기 7.5m×1.4m)를 이용하여 벽을 둘렀는데, 그 크기는 길이 30m, 너비 22m, 높이 18m로 마치 요새와 같았다. 이는 아랍어로 '하람 엘-할릴'(Haram el-Khalil)로 불리며, 오늘날까지 거의 원형대로 보존되어 있다.
② 고대도시 유적은 여기서 떨어져 있는 '제벨 엘 루메이다'(Jebel el-Rumeida)에 있다.
③ 6세기 경 건물 사면(四面) 둘레에 주랑현관(portico)이 세워졌다.
④ 10세기 경 원래의 입구는 요셉 기념실로 인해 막혀 있다.
⑤ 현재 대부분의 건물 연대는 십자군 시대 발드윈(Baldwin) II세(1118-31년) 당시의 것이다.
⑥ 13세기 중엽까지는 유대인, 기독교인, 무슬림들이 헤롯이 포장한 바닥 아래에 있는 막벨라 굴을 방문할 수 있었다.
⑦ 1266년 이슬람 무사(武士) 맘룩(Mamluk) 출신 술탄 바이바르(Baybars)에 의해 기독교인과 유대인은 막벨라 굴에 들어갈 수 없었다.

⑧ 1490년에는 무슬림조차 이 굴을 방문할 수 없었다.
⑨ '하람 알-할릴'의 유적으로는 '헤롯 시대 축조된 벽', '아브람과 사라의 묘', '이삭과 리브가의 묘', '야곱과 레아의 묘', '요셉의 묘', '아담의 발자국(전승에 따른)', 헤롯의 수로, 유대교 회당 유적, 기독교 교회 유적, 이슬람 사원 유적 등이 있다.
⑩ 오늘날 헤브론 방문을 위해서 순례객은 반드시 안전 여부를 확인해야 한다. 또 팔레스타인 지역은 팔레스타인 사람과 함께 동행해야 한다.
⑪ 그 밖의 유적으로는 아브라함이 장막을 쳤다고 전해지는 '아브라함의 상수리나무' 근처에 1925년 세워진, 러시아 정교회 소속의 수도원 교회가 있다.

Photo

A30_헤브론_마므레_상수리나무
A30_헤브론_막벨라 굴

헤브론_마므레_상수리나무

엠마오_비잔틴 시대 교회 유적

유적지 | 유대 쉐펠라

엠마오 Emmaus

위치

엠마오는 비옥한 쉐펠라 지역에 위치하며, 예루살렘에서 '이십오 리'되는 지역으로 기록되어 있지만(눅 24:13), 구체적 위치는 정확하게 추정하기 어렵다. 현재 성지순례 시 방문하는 엠마오 니고볼리는(Nicopolis)는 예루살렘과 텔 아비브 사이, 예루살렘에서 서쪽으로 31㎞ 지점에 위치해 있다.

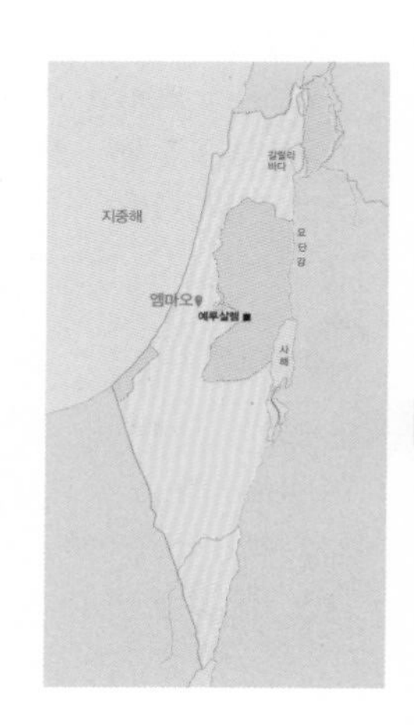

지명

① 고대에 '맛 좋은 물이 나는 곳, 즐거운 오아시스'로 알려진 도시로, 엠마오 이름은 히브리어 '함못'(Hammot, 뜨거운 샘들)에서 유래했다.

② 3세기에 '승리의 도시'라는 의미로 니코폴리스(Nikopolis)라는 이름이 새로이 붙여진 바 있다.

역사

① 마카비가 주전 165년에 니가노르(Nicanor) 군대에 중요한 승리를 거둔 곳이다.

② 이로 인해 예루살렘으로 가는 길을 열고 유대인들이 성전을 깨끗하게 하고 거룩한 예배를 다시 드리게 되어 하누카 절기 때 매년 승리를 축하하게 되었다.

③ 이후 로마군의 침입으로 엠마오는 파괴되었다.

④ 1930년대 베다람(Betharram)의 신부들에 의해 지어진 건물이 박물관으로 사용되었다.

⑤ 1973년 에브라임(Ephraim)에 의해 프랑스에서 창설된 가톨릭 은사 공동체인 '축복의 공동체'(The Community of the Beatitudes)가 1993년 교회를 돌보게 되었다.

⑥ 축복의 공동체는 평신도, 신부들, 가족들, 수도승으로 구성된 혼합 공동체이다.

성경

① 부활하신 예수를 두 제자가 만나 대화한 단락의 배경지이다(눅 24:13-35).

② 근처인 아얄론 골짜기에서 여호수아가 해와 달을 멈추었던 사건이 일어났다(수 10:12-13).

유적

① 입구에 들어서자마자 그리스 비문, 왼편 통로를 따라 모자이크 유적, 왼편으로 무덤 유적, 북쪽 바실리카 유적(5세기), 세례탕(5세기), 모자이크 유적, 채석장(quarry), 교회 중앙의 3개의 반원형 바실리카(5세기) 등을 볼 수 있다.
② 12세기 십자군 전쟁 때 축소 재건되었고, 유골 벽감이 있는 남쪽 반원형(apse), 입구 오른편에 니고볼리 감독의 사택이 있다.

Photo

A31_엠마오_1세기 무덤
A31_엠마오_비잔틴 시대 교회 유적

엠마오_1세기 무덤

게셀과_아얄론 골짜기

유적지 | 유대 쉐펠라

게셀 Gezer

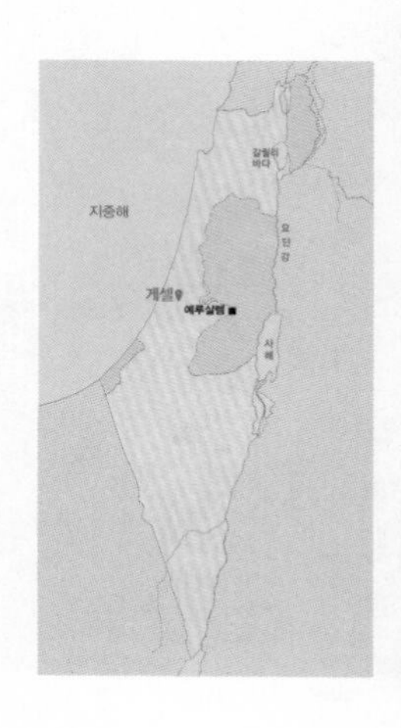

위치

게셀은 예루살렘에서 북서쪽으로 약 30㎞ 떨어진 곳에 있고, 쉐펠라(Shephelah)의 북쪽 가장자리에 있다. 텔 게젤(Tel Gezer 혹은 Tell el-Jezer)은 예루살렘과 텔아비브 사이에 있는 고고학 발굴 지역이고, 지금은 이스라엘 국립공원이다. 게셀은 해안 도로인 '비아 마리스'(Via Maris)의 교차 지점에 있으며 이 도로는 아잘론(Ajalon) 골짜기를 통해 예루살렘으로 연결된다. 게셀의 지정학적 중요성은 이 도시가 해안가 도로 위에 있으면서도 예루살렘과 여리고로 가는 갈림길 위에 있기 때문이다.

지명/지리

① 과연 현대의 성경에 나오는 게셀과 같은 지역인지 여부는 이 텔(Tel)에서 수 백 미터 떨어진 바위에 새겨진 히브리어에 게셀이란 말이 나오기 때문이다. 이 비문은 주전 1세기의 것으로 '게셀의 경계'(boundary of Gezer)라고 새겨져 있다.
② 원래 게셀은 접경의 유대 산악지대에 있던 가나안의 도시 국가였다.

역사

① 게셀에 가장 먼저 사람이 정착한 것은 주전 4000년 전으로 보이며, 바위 동굴에서 거주했다.
② 가나안 도시 게셀은 이집트 파라오 투트모스 3세(Thutmose III)에 의해 파괴되었고 카르낙에 있는 투트모스 3세의 신전에 이에 관한 비문이 있다.
③ 게셀은 주전 15세기 이전에 이미 4m 두께의 성벽을 가진 요새화한 도시가 되었고, 고대문서에는 게셀의 왕들이 이집트의 파라오에게 충성을 맹세했다는 기록이 있다. 텔 게셀은 거대한 돌과 탑으로 둘러 싸여 있었고 나무로 된 성문이 달려 있었다.
④ 주전 14세기에 왕궁이 텔의 서쪽 높은 지역에 세워졌다.
⑤ 주전 12-11세기에 많은 방과 정원을 가진 큰 건물들이 아크로폴리스에 세워졌다. 맷돌과 곡식이 발견되어 이곳이 식량을 저장하는 창고였던 것으로 보인다.
⑥ 그 이후 게셀은 적은 숫자의 사람들이 거주하는 도시가 되어 로마시대에 이르게 된다.

성경

① 여호수아가 가나안의 라기스를 점령할 때의 상황에 대한 기록이 있다. "게셀 왕 호람이 라기스를 도우려고 올라오므로 여호수아가 그와 그의 백성을 쳐서 한 사람도 남기지 아니하였더라"(수 10:33).
② 여호수아가 점령한 도시국가 목록에 게셀이 포함되어 있다(수 12:12).
③ 므낫세와 에브라임이 그들의 기업으로 받은 땅에 게셀과 그 서쪽 바다까지의 땅이 포함되어 있다(수 1:1-4).
④ "애굽 왕 바로가 올라와서 게셀을 탈취하여 불사르고 그 성읍에 사는 가나안 사람을 죽이고 그 성읍을 자기 딸 솔로몬의 아내에게 예물로" 주었는데 솔로몬이 역군을 일으켜 게셀을 새로 건축하였다(왕상 9:15-17).
⑤ 에브라임 지파에게 준 도피성 중에 "세겜과 그 초원과 게셀과 그 초원"이 포함되어 있다(대상 6:6).

유적

① 게셀에서 발굴된 유물 중 가장 유명한 것은 게셀 달력(Gezer calendar)이다. 판에 새겨진 본문은 일 년 중 농사 계절에 따라 매 개월을 기록해 놓은 것이다. 학교 다니는 학생의 암기 노트이거나 아니면 농사짓는 사람에게서 받을 세금에 관한 기록으로 보인다. 이것이 아니라면 당시 유행하던 노래의 가사 혹은 아이들의 노래일 수도 있다.
② 13개의 글이 새겨져 있는 경계석(inscribed boundary stones)이 발견되어 이 도시가 성경에서 말하는 게셀이라는 것을 확인할 수 있게 해준다.
③ 돌로 만든 기둥 열 개가 남북으로 줄을 지어 있는 유적이 남아 있고 그 중에 가장 높은 것은 3m 정도이다. 이 돌들은 제사를 드리던 제단의 일부로 보이며 그 중간 위치에 제단으로 보이는 돌들

이 남아 있다. 주전 1600년 경의 가나안의 산당으로 보인다.

④ 광범위한 수로 시설이 남아 있다. 터널을 통해 샘물로 연결된다는 점에서 예루살렘에서 발견할 수 있는 수로 시설과 유사하다. 이 터널은 20세기 초에 맥칼리스터(R. A. Stewart Macalister)가 발견하였으나 그가 당시에 완전히 발굴하지 못한 것을 2010년 뉴올린스 침례신학교(New Orleans Baptist Theological Seminary)에서 온 팀이 2년에 걸쳐 299톤의 쓰레기를 수로에서 제거함으로 나머지를 모두 발굴했다.

⑤ 게셀의 고고학적 발굴은 1900년 초반에 본격적으로 시작되었다.

⑥ 1957년에 야딘(Yigael Yadin)은 게셀에서 므깃도와 하솔에서 발굴된 것과 같은 성벽과 성문 길을 발굴하였다. 이것들은 이스라엘 왕국 초기 혹은 그 이후에 건설된 것으로 보인다.

Photo

A32_게셀_고대 유적지

A32_게셀과_아얄론 골짜기

게셀_고대 유적지

벧세메스에서_바라본_소라

유적지 | 유대 쉐펠라

벧세메스 Beth-Shemesh

위치

벧세메스는 예루살렘에서 서쪽으로 20km 떨어진 곳에 위치하며, 쉐펠라 지역 북동쪽에 있는 소렉 골짜기의 주요 성읍이다.

지명/지리

① 벧세메스의 의미는 '태양의 집'으로, 가나안 주민이 숭배하던 태양신 신전과 관련된 것으로 보

인다.

② 고대의 텔 벧세메스(Tel Bet Shemesh)는 현재 루메일레(Ru-meileh)로 불리는데 아랍어로 아인 세메스(Ain Shemes)라 불리는 마을 서쪽에 바로 붙어 있다.

③ 해발 250m의 산지로 서쪽으로는 소렉 골짜기의 비옥한 경작지가 펼쳐져 있고, 동쪽으로는 유대 산지로 올라가는 입구로서 전략적으로 또한 경제적으로 중요한 성읍이다.

역사

① 주전 3천년 경(초기 청동기 시대) 처음 취락이 나타난다.

② 주전 18-15세기까지 번성하였으며 중기 청동기 시대에는 요새화된 도시이다.

③ 후기 청동기 시대에도 도시는 번영하였고, 당시 구리제조 시설이 발굴되었다.

④ 사사 시대(초기 철기 시대)에 도시는 쇠퇴하였지만 금속 산업은 발달하였다.

⑤ 이때는 블레셋 문화가 지배적이었다.

⑥ 주전 11세기 파괴된 흔적을 찾아볼 수 있는데, 이는 이스라엘과 충돌에서 유래된 것이다.

⑦ 주전 10세기에 도시는 재건되었고, 이스라엘의 중요한 행정 도시로 발전하였다.

⑧ 유다의 몰락 이후 요새화되지는 않았다.

⑨ 로마 시대에 거주지가 인근의 아인 세메스로 옮겨진 후에는 쇠퇴하게 되었다.

성경

① 유다 지파의 경계에 포함되어 그살론과 딤나 사이에 있는 성읍이다(수 15:10).

② 유다 지파의 레위인 성읍으로도 나타난다(수 21:16; 대상 6:44).

③ 단 지파에 속한 성읍인 이르 세메스는 벧 세메스의 다른 이름으로 여겨진다(수 19:41).
④ 납달리가 가나안 족속을 쫓아내지 못하고 그들을 노역꾼으로 삼은 곳이다(삿 1:33).
⑤ 단 지파와 블레셋 지역의 경계에 있었으므로 자주 블레셋과 충돌이 일어났다. 단 지파의 사사였던 삼손 이야기의 배경은 모두 벧세메스 근방에서 일어났다(삿 14-16장).
⑥ 사무엘 선지자 때 블레셋이 실로에서 법궤를 빼앗아 갔으나 나중에 벧세메스 주민에게 되돌려 주었다(삼상 6:9-18). 블레셋 지방에 있던 여호와의 궤를 실은 수레가 벧세메스 사람 여호수아의 밭 큰 돌 있는 곳에 이르렀을 때 무리들이 그 나무를 화목으로, 수레 끈 암소들을 번제물로 삼아 여호와께 제사를 드렸다.
⑦ 분열왕국 시대에 이스라엘과 유다의 경계에 있어 유다의 아마샤와 이스라엘의 요아스가 전쟁을 벌인 곳으로, 이스라엘의 요아스가 유다의 아마샤를 사로잡아, 예루살렘으로 가서 성벽을 헐고 성전과 왕궁의 보물을 탈취하며 사람을 볼모로 잡아 사마리아로 돌아갔다(왕하 14:11-13; 대하 25:21-23).
⑧ 에돔이 유다를 공격하고 블레셋이 '유다의 평지'(벧세메스, 아얄론, 그데롯, 소고, 딤나 등)와 남방 성읍들을 침노하여 유다 왕 아하스가 앗수르의 디글랏 빌레셀에게 도움을 요청하였으나 도리어 앗수르의 공격을 받아 성전과 왕궁과 방백들에게서 재물을 가져다가 앗수르 왕에게 바쳤다(대하 28:16-21).

TIP

법궤 이동로

실로(삼상 4:3) → 에벤에셀(삼상 4:1) → 아스돗(삼상 5:1) → 에그론(삼상 5:10) → 벧세메스(삼상 6:12) → 기럇여아림 아비나답의 집(삼상 7:1, 20년)

유적

비잔틴 시대의 수도원 건물 유적에서, 토기조각, 무덤, 남쪽 성문 등이 발굴되었다.

A33_벧세메스에서_바라본_소라
A33_소렉 골짜기

소렉 골짜기

아세가에서_바라본_엘라 골짜기

유적지 | 유대 쉐펠라

아세가 Azeka

위치

아세가는 쉐펠라 지역의 엘라 골짜기 북쪽에 있는 고대 성읍으로, 텔 아세가(Tel Azega)는 현재 스가랴 마을(Kefar Zekharya)에 위치한다. 벧 구브린(Bet Guvrin)의 북동쪽으로 9㎞ 떨어진 지점이다.

지명/지리

① '파내다'라는 어근에서 기원하여 '괭이로 판 곳'이라는 의미를 갖는다.

② 해발 400m의 고도에 위치하여, 엘라 골짜기보다 117m가 더 높아 엘라 골짜기를 한 눈에 조망할 수 있다.

③ 탈무드에서는 질 좋은 과일의 생산지, 바라이타(Baraita)로 소개된다.

역사

① 이스라엘이 도시를 건설하기 전부터 취락이 있었던 것으로 추정된다.

② 여호수아가 아모리 족속의 다섯 왕(예루살렘, 헤브론, 야르뭇, 라기스, 에글론)을 기브온에서 살육하고 벧호론 비탈길을 통과하여 이른 곳이다(수 10:10-11).

③ 이스라엘 르호보암의 통치 초기 구축한 방어 성읍 중 하나이다(대하 11:5-12).

④ 유다 시드기야 왕에게 한 예레미야의 예언에 의하면, 라기스와 함께 바벨론의 유다 성읍 공격에서 제외된 성읍이다(렘 34:7).

⑤ 앗수르 사르곤 2세의 비문에 의하면, 주전 8세기 유다가 블레셋이 이끄는 반란에 참여한 이유로 앗수르의 공격을 받았던 성읍이다.

⑥ 바벨론 포로 귀환 후 유다 자손들이 거주한 성읍 중 하나이다(느 11:30).

⑦ 주후 4세기 교회사가 유세비우스에 의해 언급된 도시이다.

⑧ 6세기 마다바 지도에 의하면, 큰 교회가 있었고 '성인 사가랴의 기념건물'으로 묘사된다.

⑨ 비잔틴 시대의 이 교회는 세례 요한의 부친 사가랴를 기념하기 위해 헌정된 교회이다.

성경

① 여호수아와 싸운 쉐펠라 지역의 강력한 성읍(라기스, 야르뭇)에는 포함되어 있지 않지만 여호수아의 추격 도중 공격을 받은 성읍으로 처음 언급된다(수 10:10, 11).
② 이후에 유다 지파에 속한 성읍이 된다(수 15:35).
③ 사울 시대에 이스라엘과 블레셋의 경계는 엘라 골짜기에 있는 소고와 아세가 사이였다.
④ 따라서 다윗과 골리앗의 대결이 있었던 두 민족 간의 전쟁도 소고와 아세가 사이의 엘라 골짜기에서 일어났다(삼상 17:1-2).
⑤ 르호보암이 애굽과 블레셋으로부터 유다를 보호하기 위해 요새화한 성읍이다(대하 11:9).
⑥ 라기스와 함께 바벨론의 느브갓네살에게 마지막까지 버틴 견고한 성읍이다(렘 34:7).
⑦ 유대인들이 바벨론 포로 귀환 이후 정착한 곳 중 하나이다(느 11:30).

Photo

A34_아세가에서_바라본_엘라 골짜기
A34_엘라 골짜기

엘라 골짜기

벧구브린(마레사)_지하주택 입구

유적지 | 유대 쉐펠라

벧구브린(마레사) Bet Guvrin(Maresha)

위치

유대 평원(쉐펠라)에 위치해 있는 벧 구브린 국립 공원은 면적이 1250 에이커로, 해발 약 400m에 솟아오른 구릉 언덕을 가지고 있다. 블레셋 해안 평야 지대에서 헤브론에 이르는 지름길에 위치한다. 벧구브린은 마레사에서 북쪽으로 1km 정도 떨어진 곳에 위치한다.

지명/지리

① 지질은 대부분 백악질(chalky)이며 부드러우나 잘 부서지므로 동굴 조성에 이상적이다.

② 아주 일찍이 사람들은 벧구브린 지역에 동굴을 파기 시작하였는데, 이들은 동굴을 채석장, 매장지, 저장고, 작업장, 대피소, 비둘기 사육 장소로 사용했다.

③ 부드러운 백악질은 일반적으로 단단한 나리(nari) 층에 의해 덮여 있는데 두께가 2m까지 된다.

④ 대개 동굴들은 나리 안에 좁은 구멍을 가지고 있으며 백악질에서 점점 넓어진다.

⑤ 수백의 동굴들이 이 지역에 조성되었는데 어떤 것은 거대하고도 복잡한 지하 미로를 가지고 있다.

⑥ 텔 마레사(혹은 마릿사)는 국립공원의 가장 높은 곳에 위치해 있다.

역사

① 마레사는 유다가 포로로 잡혀 간 뒤 에돔 사람들의 중심지가 되었다.

② 마레사가 파르티아 군대에 의해 파괴된 후에는, 벧구브린이 마레사를 대신한 가장 중요한 쉐펠라 정착지가 되었다.

③ 하스모니아 시기에 요한 힐카누스(John Hyrcanus)는 이 성읍을 취하고 이곳에 거하는 주민을 강제로 유대교로 개종시켰다.

④ 로마 시대에 거민들은 마레사를 내버려두고 근처에 벧구브린이란 도시를 세웠는데 이는 서부 이두매의 수도가 되었다. 로마 시대에 쉐펠라의 행정 중심도시로 벧구브린(=엘류테르폴리스, Eleutheropolis)이 부상하였다.

⑤ 로마 시대에 유래된 이정표에 표시된 5개의 주요 도로는 모두 이 도시로 이어진다.

⑥ 유세비우스는 지명의 위치를 말할 때 대부분 '엘류테르폴리스'를

기준으로 삼아 기술한다.

⑦ 요세푸스에 의하면, 벧구브린은 로마 장군 베스파시아누스에 의해 정복된 도시였다.
⑧ 바르 코흐바 혁명 때도 계속 남아 있던 유대인 정착지였다.
⑨ 주후 200년 셉티무스 세베루스(Septimus Severus) 황제에 의해 자치가 허락된 '자유인의 도시'(Eleutheropolis)로 개명되었다.
⑩ 3-4세기에 유대인 정착이 다시 이루어졌다.
⑪ 비잔틴 시대에 중요한 기독교 중심지로서 교회들이 세워졌다.
⑫ 이곳의 종 동굴들은 초기 모슬렘 시대에 채석되었다.
⑬ 벧구브린은 십자군 시기에도 중요한 도시였다.
⑭ 아랍 마을이었던 베이트 지브린(Beit Jibrin)은 1948년 이스라엘 독립전쟁 이후 그 모습을 잃게 되었다. 그러나 최근에는 그 주민들이 강한 요새 성벽을 가진 집들을 보존하고 있다.

성경

① 이스라엘이 정복한 성읍 중 유다 지파가 거주한 가나안 31개 성읍 중 하나였다(수 15:44).
② 르호보암 왕이 통치초기 애굽의 바로 시삭과 전투 후에 요새화한 도시 유적이었다(대하 11:5, 8).
③ 유다 왕 아사가 구스 사람 세라와 싸워 승리한 곳이 마레사의 스바다 골짜기였다(대하 14:9-15).
④ 미가 선지자의 고향으로 미가가 재난이 임할 것을 예언한 유다 여러 성읍 중 하나였다(미 1:15, 마레사 거민아 내가 장차 너를 얻을 자로 네게 임하게 하리니 이스라엘의 영광이 아둘람까지 이를 것이라).
⑤ 마레사 사람 엘리에셀이 이스라엘 왕 아하시야과 동맹을 맺은 유다 왕 여호사밧에게 왕이 계획하는 일이 성사되지 못함을 예언했다.

유적

① 80개의 큰 동굴들이 통로로 연결되어 있는 종 동굴(Bell caves)은 높이가 가장 큰 동굴의 경우 15m나 된다. 동굴들은 단단한 나리 돌 안에 좁은 입구를 가지고 있으며 아래 부드러운 백악질 안에서 점점 넓어져 종의 모양을 이루게 된다. 동굴 벽에서 발견된 십자가와 아랍 명각은 대부분의 동굴이 초기 아랍 시기(7–10세기)에 조성되었다는 사실을 보여준다.

② 도시 중심에 1136년에 성 안나의 이름으로 헌당된 거대한 십자군 교회의 유적인 성 안나 교회(Saint Anne's Church)가 있었다.

③ 헬레니즘 시기(주전 3–2세기)에 텔 마레사 자락에 만들어진 시돈인 매장 동굴(Sidonian burial caves). 동굴 벽의 복원된 벽화(frescoes)는 지난 날 마레사의 영광을 보여준다.

④ 그 외 저수장 연결망(network of water cisterns), 올리브 기름 제조과정을 보여주는 기름 짜는 곳(oil press), 비둘기 사육장(columbarium) 동굴(dovecote)과 로마 투기장(the Roman amphitheater)이 볼 만하다.

Photo

A35_벧구브린(마레사)_종동굴

A35_벧구브린(마레사)_지하주택 입구

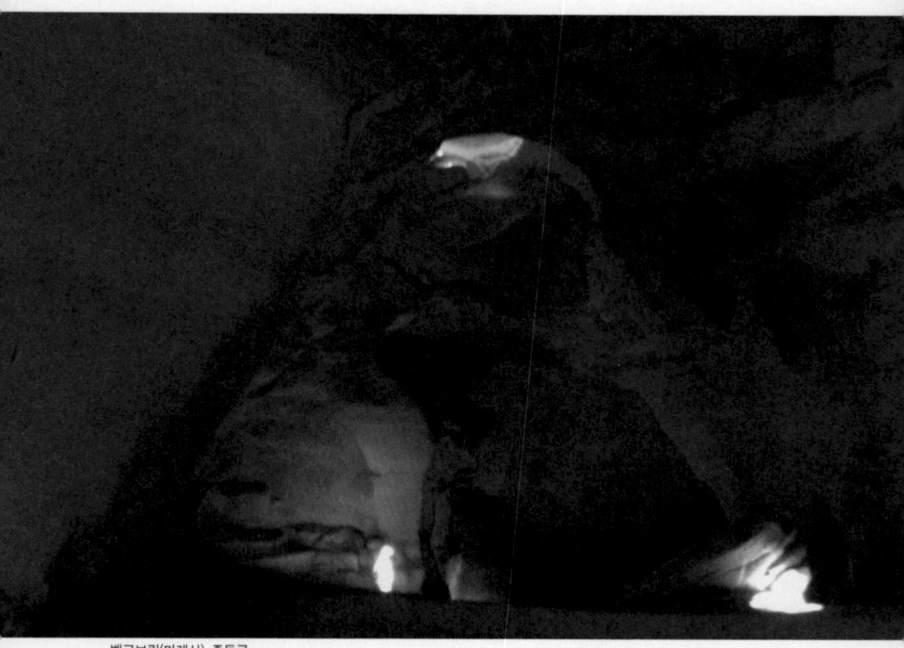

벧구브린(마레사)_종동굴

텔_라기스_고대 유적

유적지 | 유대 쉐펠라

라기스 Lakhish

위치

라기스는 블레셋에서 유대(헤브론)로 들어가는 길목에 위치하고 있다. 쉐펠라 지역의 남서쪽 끝에 위치한 고도 300m의 낮은 산지이다. 쉐펠라 지역에서 가장 크고 중요한 전략적 요새 도시이다.

지명/지리

① 주변의 산지로 가려져 있어 방어에 유리할 뿐

만 아니라 산 정상에서 서쪽의 해안 평야와 동쪽의 유대 산지로 가는 도로를 감시할 수 있어 전략적인 주요 성읍이다.

② 몇 개의 우물과 주변의 비옥한 경작지가 있으며 해안 평야에서 헤브론으로, 예루살렘에서 가자에 이르는 도로의 중간에 있어 교통이 좋아 고대로부터 큰 성읍으로 발달했다.

역사

① 최초의 취락 흔적은 산의 주변에서 신석기 시대부터 나타난다.

② 중기 청동기 시대까지 요새화된 가나안 성읍이다.

③ 아마르나 문서에 따르면 게셀, 가드, 그일라와 같은 도시들과 함께 이집트에 종속된 위성도시로 자주 등장한다.

④ 이스라엘 시대에 이집트와 앗수르 등의 강대국으로부터 유대 산지를 지키는 서부 전선의 요새지였다.

⑤ 바벨론의 멸망 이후 방치되었으나 페르시아 시대에 행정 도시로 복구되었다.

⑥ 헬라 시대에 신전이 있는 도시였으나 멀지 않은 곳에 있는 마레사가 번성하면서 쉐펠라 지역 일대에서 중심지로서의 기능을 마레사에게 넘겨주고 쇠퇴하였다.

⑦ 텔 엘 아마르나(Tell el Amarna) 서신들 중에 라기스에서 보낸 서신이 있다. 이를 근거로 이 도시가 주전 1200년대에 무너진 것으로 추정된다.

⑧ 라기스의 성문 문간방(gate house)에서 발견된 편지 중 하나에는, 바벨론의 공격에 대해 "라기스의 신호를 보고 있다. 아세가의 것은 더 이상 볼 수 없다"는 기록이 있다.

성경

① 성경에서 여호수아 당시 이 도시가 예루살렘을 중심으로 연합한 가나안 연합군에 소속된 이후 처음 언급된다(수 10:3; 12:11).

② 여호수아가 정복한 가나안 31개 성읍 중 하나로 여호수아에게 패

배하여 유다 지파에게 분배되었다(수 15:39).

③ 유다 왕 르호보암은 나라가 분열된 이후 북왕국 이스라엘을 정벌하려다 중지하고 그 대신 유다에 15개 성읍을 다시 방비하는데, 이때 쉐펠라 지역의 라기스도 포함된다(대하 11:9).

④ 아마샤는 예루살렘에서 모반을 당해 쉐펠라의 큰 성읍인 이곳으로 피신하였으나 여기서 죽임을 당했다(왕하 14:19, "예루살렘에서 무리가 저[유다 왕 아마샤]를 모반한 고로 저가 라기스로 도망하였더니 모반한 무리가 사람을 라기스로 따라 보내어 그를 거기서 죽이게 하고"; 대하 25:27-28).

⑤ 주전 700년경 히스기야 시대에 유다는 앗수르 산헤립의 침공을 받아 위기에 직면하게 되었다. 이때 산헤립은 예루살렘으로 바로 들어오지 않고 라기스에 머물렀다(왕하 18:14). 산헤립은 히스기야로부터 조공을 받고서 이 도시를 떠났다(왕하 18:14-16; 19:8).

⑥ 예레미야가 유다의 시드기야 왕에게 바벨론 왕의 군대가 유다의 견고한 요새 중 라기스와 아세가만 남기고 예루살렘과 유다의 모든 성읍을 칠 것이라는 예언을 했다(렘 34:6-7).

⑦ 강력한 성읍의 이미지는 미가 선지자의 예언에 반영되어 있다(미 1:13, 라기스 거민아 너는 준마에 병거를 메울지어다 라기스는 딸 시온의 죄의 근본이니 이는 이스라엘의 허물이 네게서 보였음이니라).

유적

므깃도와 같은 형태의 3중 성문과 성벽, 입구가 동서 19m, 남북 15m의 타원형으로 깊이 30m, 폭 3m의 계단(계단이 넓은 것은 나귀를 사용하여 물을 운반한 증거)을 가진 거대한 저수조, 저수조, 토기 사용의 흔적을 볼 수 있다.

A36_텔_라기스_고대 유적

A36_텔_라기스_성문길

텔_라기스_성문길

여리고_고대 유적

유적지 | 유대 광야와 사해 주변

여리고 Jericho

위치

① 여리고는 지구상에서 가장 오랜 역사를 지녔으며, 가장 저지대(해발 −258m)에 위치하고 있는 도시다.

② 요르단 골짜기 안에 있는 와디 켈트(Wadi Qelt)의 오아시스 지대에 있다.

③ 구약 시대의 여리고에서 2-3km 떨어진 곳에 헤롯 대왕이 건설한 신약 시대의 여리고(툴룰 아브엘 알라익)가 있다.

지명/지리

① '종려의 도시', '하나님의 정원'으로 불린다. 열대 과일과 채소로 유명하다.
② 여름에는 열대기후 겨울에는 온화한 기후이다. 평균 기온은 1월에는 섭씨 15도, 8월에는 31도이다.
③ 항상 날씨가 맑아 햇볕이 좋으며 비옥한 충적토이므로 농경생활과 거주에 이상적인 지역이다.
④ 일 년 강우량은 160mm에 불과하고 11월에서 2월에 집중되어 있다.
⑤ 여리고 엘리사의 샘(Ein es-Sultan)에서 나오는 물은 분당 3.8㎥으로 1,000갤론(gallon)에 해당한다. 이 물로 10㎢의 땅에 물을 주고 요단 강으로 흘려보낸다.

역사

① 주전 8000년에 도시를 방어하기 위한 성벽이 세워졌다.
② 여호수아와 이스라엘 민족이 도시를 점령한 것은 주전 1200년경이다.
③ 주전 6세기에 여리고는 페르시아의 행정도시였다.
④ 여리고는 알렉산더 이후 주변 지역의 행정 중심 역할을 하였다.
⑤ 헤롯 대왕은 클레오파트라로부터 여리고의 오아시스를 임대하였다.
⑥ 클레오파트라가 죽은 뒤 로마인들은 여리고의 오아시스를 헤롯 대왕에게 넘겨주었고, 헤롯은 수로를 건설하여 자신을 위한 별장을 여리고에 지었다.
⑦ 헤롯은 와디 켈트(Wadi Qelt)의 입구 도시로, 중앙 산악 지대로 가는 관문 역할을 하는 도시로 여리고를 건설했다.
⑧ 로마에 대항하는 반란이 시작되었을 때 로마 군대는 여리고에서 예루살렘으로 진격하는 공성전 무기를 만들게 했고, 이것 때문

에 여리고 주민들은 어려움을 겪었다.
⑨ 비잔틴 시대 인구가 크게 증가했다.
⑩ 중세 시대에는 사탕수수 농사를 많이 지었고 십자군 시대에 세운 설탕 제작 시설의 유적이 남아 있다.
⑪ 살라딘은 여리고를 방비하지 않고 버려두어 베두인들이 침략하게 되고, 작은 마을로 축소되고 수로는 사용되지 않아 사막의 일부가 되어 버렸다.
⑫ 제1차 세계대전 이후 여리고는 다시 도시로 발전하기 시작했고, 오늘날 인구 12,000명의 소도시가 되었다.

성경

① 출애굽한 이스라엘이 가나안을 정복할 당시 여호수아에 의해 팔레스타인 땅에서 가장 먼저 함락된 도시였다(수 6:21).
② 여호수아의 나팔 소리에 성벽이 무너진 도시이다(수 6:20).
③ 후에 베냐민 족속의 소유지가 되었다(수 18:21).
④ 사사시대에 모압왕 에글론은 이곳을 점령하였다(삿 3:13).
⑤ 유대 최후의 왕인 히스기야는 느부갓네살에게 쫓겨 이곳까지 왔었으나 여기서 잡혀 바벨론으로 잡혀갔다(왕하 25:5, 렘 39:5).
⑥ 예수께서 삭개오를 만난 곳이다(눅 19:1).
⑦ 선한 사마리아 사람의 비유 배경이 된다(눅 10:30).

유적

① '텔 엣 술탄'(Tell es-Sultan, 또는 Sultan's Hill): 이곳은 석기시대부터 시작하여 여러 세대에 걸쳐 인간이 거주했다는 것을 보여주는 흙으로 된 언덕이다.
② 여리고 성 발굴터가 있다.
③ 시험산: 여리고 도시 뒤에는 예수께서 금식하신 후 사탄에게 시험을 당했다는 전승이 있는 시험산이 있다. 케이블카를 타고 올라가면 여리고의 전경을 조망할 수 있다.

④ 시험산 수도원: 시험산 중턱에 있는 동방교회 수도원은 예수가 40일간 금식했다는 장소에 세워졌다. 수도원은 일반 대중에게 공개되지 않으며, 이 수도원 안에는 예수가 금식할 때 앉아 있었다는 돌의자가 있다.

③ 엘리사의 샘: 엘리사가 나쁜 물을 좋은 물로 바꾸었다는 성경의 기록이 있다(왕하 2:19-22).

④ 돌감람나무: 삭개오가 올라갔다고 하는 뽕나무(돌감람나무)가 여리고 도시 안에 있다(눅 9:1-8).

Photo

A37_여리고_고대 유적
A37_여리고_엘리사의_샘

여리고_엘리사의_샘

A38

베다니 세례터

유적지 | 유대 광야와 사해 주변

베다니 세례터 Qasr el-Yahud

위치

베다니 세례터는 예루살렘에서 여리고로 가는 길목에 위치하며, 여리고로부터 10㎞ 이내 요단 강 서편에 있다.

지명/지리

① 이스라엘에 있는 세례터인 '카스르 엘 야후드' (Qasr el-Yahud)는 유대인들의 성(城)(Castle

of the Jews)이란 의미이다.
② 요단 강이 사해로 흘러 들어가는 북쪽 지점에 자리하고 있다.

역사

① 1967년 전까지 이곳은 요르단의 통제를 받았고 단체 관광이 이루어졌다.
② 1968년 군사적인 문제로 접근이 금지되었다.
③ 이후로 이스라엘 정부는 갈릴리 바다의 남쪽에 있는 야르데니트(Yardenit)를 단체 세례를 위한 대체지로 개방했다.

성경

① 예수께서 세례요한으로부터 세례를 받으신 장소이다(마 3:13-17).
② 광야생활을 마치고 가나안에 입성하는 이스라엘 백성들이 요단 강을 건너서 도착한 곳으로 추정한다(수 3:14, "백성이 요단을 건너려고 자기들의 장막을 떠날 때에 제사장들은 언약궤를 메고 백성 앞에서 나아가니라").
③ 엘리야가 승천했던 곳으로도 추정된다(왕하 2:7-8, "선지자의 제자 오십 명이 가서 멀리 서서 바라보매 그 두 사람이 요단 가에 서 있더니 엘리야가 겉옷을 가지고 말아 물을 치매 물이 이리 저리 갈라지고 두 사람이 마른 땅 위로 건너더라").

TIP

요르단의 예수 세례터: 요단 건너편 베다니(Bethany) = 알 마그타스(al Maghtas)

① 요단 건너편 도시(요 1:28): 이 일(세례 요한과 예수님)은 요한의 세례 주던 곳 요단 강 건너편 베다니에서 된 일이니라(요 1:28).
② 요한이 세례를 베푼 곳(요 3:23): 이 후에 예수께서 제자들과 유대 땅으로 가서 거기 함께 유하시며 세례를 주시더라 요한도 살렘 가까운 애논에서 세례를 주니 거기 물들이 많음이라 사람들이 와서 세례를 받더라(요 3:23).
③ 여리고 남동쪽 11㎞ 지점의 중요한 나룻터이다.

유적

① 세례요한 수도원이 있다.
② 2011년 이후 두 개의 야외 예배실을 새롭게 건축했다. 주로 동방정교회를 위해 만들어졌지만

교파를 초월해서 기독교인 순례자들도 사용할 수 있다.
③ 2011년 이래 이스라엘은 이곳을 무료로 개방하고 있다.

A38_베다니 세례터
A38_베다니 세례터와_요단 강

베다니 세례터와_요단 강

쿰란_망대 유적

유적지 | 유대 광야와 사해 주변

쿰란 Qumran

위치

키르벳 쿰란(쿰란 거주지)은 사해 북서 연안과 유대 광야가 만나는 곳에 위치하고 있으며, 그 옆에 와디 쿰란(Wadi Qumran)이 있다. 여리고의 남쪽 12㎞, 사해 북서 연안에서 1.3㎞에 위치한다. 키르벳 쿰란 주변 11개 동굴에서 대량의 쿰란문서가 발견되었다.

TIP

발견된 주화로 추정해보는 쿰란의 역사

① 요한 힐카누스(Johan Hyrcanus, 주전 135-104년): 쿰란 지역의 주 건물 건축했다.
② 알렉산더 얀네우스(Alexander Jannaeus, 주전 103-76년) 당시 이 지역에 거주했다.
③ 헤롯 대왕(주전 37-4년) 당시: 주전 31년 발생한 대지진(요세푸스의 보고)으로 버려져 있었던 것으로 추정(극소수의 주화 발견)된다. 큰 망대와 저수장 계단에 있는 균열과 마카비 시대 여리고 건물의 지진 흔적이 지진의 증거가 된다.
④ 아켈라오(Archelaus, 주전 4-주후 6년) 때 다시 거주하여 유대 전쟁 때까지 거주했다.
⑤ 주후 68년 로마 베스파시안 군대에 파멸 추정: 로마제 철 화살촉과 불탄 재의 층이 발견되었다.
⑥ 그 후 로마군의 숙영지 역할을 했던 증거로 제2차 항거 때 주화가 발견되었다.
⑦ 이후로 더 이상 사람이 거주하지 않게 되었다.

TIP

쿰란 발굴 역사

① 1873-74년 샤를르 클레르몽-간노(Charles Clemont-Ganneau)가 이곳의 공동묘지를 주목했다.
② 1947년 석회암 벼랑과 이회토 동굴에서 사해 필사본이 발견되었다.
③ 1951년부터 키르벳 쿰란 발굴이 시작되었다.

지명/지리

① 쿰란이란 이름은 당시 이곳에 거주했던 공동체의 이름에서 따왔다.
② 쿰란동굴은 발견된 순서대로 동굴의 번호가 매겨진다(제1-11동굴).

역사

① 1947년 사해 사본이 이곳 동굴에서 발견되었다.
② 발견된 두루마리는 예루살렘에 있는 사해사본 박물관 '책의 전당'에 보존되어 있다.
③ 11개의 동굴에서 약 800개에 달하는 두루마리 책의 일부 또는 작은 조각이 발견되었다.
④ 사해 사본들을 필사하고 기록했던 공동체의 유적이 키르벳 쿰란에 남아 있다.
⑤ 쿰란 공동체는 유대교의 한 분파였던 에세네파 사람들의 공동체로서, 주전 1세기부터 사해 근처 유대 광야의 쿰란 지역에서 살았다. 이들은 예루살렘의 대제사장의 권위와 제의를 인정하지 않고 '의의 교사'의 지도 아래 수도원적 집단생활을 하면서 임박한 세상의 종말을 기다리며 살았던 종말론적 공동체였다.
⑥ 요세푸스의 『고대사』(XVIII. 1)에 의하면, 당시 이 공동체 구성원의 규모는 기혼 여성, 노예들 외에도 약 4천 명 정도로 추정된다.
⑦ 주후 68년 유대-로마 전쟁 중 유대인 반란을 진압하던 로마 군대에 의해 완전히 멸망했다.

유적

① 초기의 직사각형 건물: 이스라엘의 보루로 생각되며, 여호수아 15장 62절의 이르 함말라(염성)와 동일시된다.
② 성경필사실의 로마 시대 잉크병: 구리로 만든 것과 테라코타(붉은 진흙을 설구운 것)로 만든 것이 있다.
③ 공동 식당: 1,000개가 넘는 그릇이 발견되었다.
④ 40개가 되는 수조와 수반, 그리고 이를 연결하는 수로가 있다.
⑤ 동쪽의 공동묘지: 약 1,100개의 묘지가 발견되었다.
⑥ 사해 사본: 탄소측정법으로 측정한 결과 기록 연대가 33±200년경으로 추정된다.

Photo

A39_쿰란_망대 유적
A39_쿰란_제4동굴과_와디_쿰란

TIP

쿰란 사본 또는 사해 사본 Dead Sea Scroll

① 1947년 프랑스 고고학자 롤랑 드보가 발굴했다.
② 이사야서 전체가 발견되었다.
③ 구약 전권이 발견되었다.
④ 사본 종류: 성경 사본과 비 성경 사본이 발견되었다.
⑤ 기록 문자: 히브리어, 아람어, 헬라어로 기록되었다.
⑥ 양피지와 파피루스 및 구리판이 재료로 사용되었다.
⑦ 에세네파. 수전절 = 성전수복기념(하드리안 왕조). 이사야 40장 3절에 의하면 메시아가 광야에 오신다. 빛의 자녀와 어둠의 자식들의 전쟁 후 빛의 자녀들이 승리한다는 묵시적 사상이 나타남(쿰란 문서『공동체 규정』(Rule of Comminity), 1QS)
⑧ 사용된 히브리어의 특징: 여러 주변 언어(아람어, 라틴어)의 영향을 받은 흔적이 발견되었다. 아람어, 히브리어, 헬라어 대본을 일부 수정했다. 아람어와 혼동을 피하기 위해 수정한 것이다. 장음에 바브(w)와 요드(y)를 집어넣었다(완전 서법과 불완전 서법).
⑨ 11개 동굴에서 발견: 그 중에서도 중요한 동굴은 제4, 6 동굴이다.
⑩ 임마누엘 토브(Immanuel Tob): 이사야 66장이 다른데 왜 다른지 알 수 없다고 보았고, 원본은 하나였을 것으로 추측했다.

쿰란_제4동굴과_와디_쿰란

A39

엔 게디

유적지 | 유대 광야와 사해 주변

엔 게디 Ein Gedi

 위치

엔 게디는 쿰란 유적지의 남쪽 30㎞에 위치한 사해 연안의 성읍으로서, 이곳 와디로 올라가면 헤로디움이 있다.

 지명/지리

① '들염소의 샘'이란 의미이다.
② 성경에는 '엔 게디 황무지'(삼상 24:1) 또는 '엔

게디 요새'(삼상 23:29)로 언급된다.
③ 이곳에서 산으로 조금 올라가면 폭포(높이 18.5m)가 있어 흘러내리는 물에 사슴들이 물을 마시러 온다(시 42;1, 하나님이여 사슴이 시냇물을 찾기에 갈급함 같이 내 영혼이 주를 찾기에 갈급하나이다).

역사

① 쿰란과 비슷한 시기에 멸망했다.
② 제2차 유대-로마 전쟁(Bar Kochba) 시 피신한 유대인들이 로마에 대항해 마지막 싸움을 벌인 곳이기도 하다.

성경

① 다윗이 사울 왕에게 쫓길 때 600명의 군대와 함께 이 부근의 동굴에 은신하여 생명을 구했다(삼상 24:1).
② 솔로몬은 이곳 엔 게디 포도원을 노래했다(아 1:14).

유적

① 엔 게디 샘 위쪽에서 주전 4000년대 후반의 성소가 발견되었다.
② 로마 시대의 성터와 목욕탕 시설이 있다.
③ 5세기 고대 유대인 회당 유적이 있다.

Photo

A40_엔 게디
A40_엔 게디와_게디

엔 게디와_게디

마사다_북쪽_헤롯 궁전

유적지 | 유대 광야와 사해 주변

마사다 Masada

위치

① 엔 게디 남쪽 16km, 사해 서쪽 2km 지점 고립된 암산 위에 세워진 산악요새이다.

② 사해 남서해안 부근에 위치한 천연요새로서, 사해 남쪽 나바트 인과 사해 동쪽 리산 반도를 건너오는 모압인을 방어하기 적당한 위치이다.

지명/지리

① 마사다는 '요새'(fortress)라는 의미이다.

② 정상은 평평하고 사방이 절벽인 지형(mesa)을 이루고 있다. 정상의 남북 길이가 570m, 동서 폭이 350m, 높이가 445m, 면적이 7만 m^2에 달한다.

역사

① 하스몬 왕조의 대제사장 요나단 마카비(주전 161-142년) 때 처음으로 마사다에 요새를 구축했다.

② 사해 남쪽의 나바트인, 사해 동쪽의 리산 반도로 건너오는 모압인을 막아내고, 유사시에 피난처로 삼기위해 건설했다.

③ 주전 43년 예루살렘에 정쟁이 일어나 헤롯 대왕의 아버지가 살해되었을 때 헤롯 대왕이 가족을 데리고 이곳으로 피신한 바 있다.

④ 헤롯은 유사시를 대비해 주전 36년부터 30년 걸려 이중 성벽, 방어용 탑, 창고, 저수조, 병사, 병기고, 목욕탕, 3층의 호화스런 궁전을 짓고 이곳을 요새화했다.

⑤ 마사다 요새가 결정적으로 유명하게 된 것은 무엇보다도 제1차 유대-로마 전쟁(주후 66-73년)의 막을 닫는 비극적 무대가 되었기 때문이다. 주후 70년에 예루살렘이 함락된 후 유대 열심당의 잔당 967명이 이곳에서 최후까지 저항했다. 주후 74년에 로마인들에 의해 함락 당했다.

⑥ 오늘날 이스라엘 군대의 최종 훈련지이다.

성경

① 성경에서 마사다에 대한 기록을 찾기는 어렵지만, 1세기 유대인 역사가였던 요세푸스의 기록에 의하면, 헤롯 대왕이 반란을 대비해서 피난처 용도의 왕궁을 건축했다고 한다.

② 요세푸스의 『유대전쟁사』는 제1차 유대전쟁 때 마사다 최후 항전 상황을 상세히 전해주고 있다.

유적

① 마사다로 올라가는 방법은 케이블카를 타고 가는 방법과 가파른 길을 걸어서 올라가는 방법이 있다.

② 헤롯 궁전: 마사다 북쪽 끝에 위치하고 있으며, 더운 한 낮도 이 곳은 그늘이 생겨 상대적으로 시원하다.

③ 목욕탕: 3개의 레벨로 되어 있으며, 가장 낮은 레벨에 목욕탕이 있다. 이 목욕탕을 불을 때서 건물 자체를 데우는 사우나탕이다. 가운데 레벨에는 원형의 벽으로 된 테라스가 있고, 계단으로 위쪽으로 올라가면 공간이 터져 있는 테라스가 있다.

④ 창고건물: 목욕탕 옆에 위치한다. 창고 건물이 크고 남쪽에만 11개의 방들이 있는 것으로 보아 마사다에 상당히 많은 수의 사람들이 거주할 수 있도록 했다는 것을 알 수 있다.

⑤ 저수조: 산정에 약 90m 파내려간 거대한 저수조 12개는 마사다가 빗물을 어떻게 모으고 보관하였는지를 보여준다. 내리는 빗물은 낭비되지 않고 수로를 따라 흘러 저수조로 흘러 들어가게끔 설계가 되어 있다.

⑥ 남쪽 요새 건물(southern citadel)에서 보면 로마군대가 마사다를 공격하기 위해 만든 주둔지가 보인다.

⑦ 서쪽 궁전(Western Palace)에는 로마식 대욕장과 수영장이 있던 자리가 있다. 이 건물은 당시 행정 건물로서 규모가 크다.

⑧ 제의용 목욕장은 유대인들이 정결예식을 행하던 곳으로 보인다. 열심당원들은 마사다에 자신들의 회당 건물을 만들었다.

⑨ 열심당원 거주지, 비잔틴 교회, 북쪽 궁 등도 주요한 유적들이다.

⑩ 올리브 유, 포도주, 종려나무 열매 등을 저장하는 큰 식량 창고 유적 등이 있다.

⑪ 2001년 마사다는 유네스코 세계문화유산으로 지정되었다.

A41_마사다_북쪽_헤롯 궁전
A41_마사다_수리시설_모형

마사다_수리시설_모형

A42

아라드_성채

유적지 | 유대 광야와 사해 주변

아라드 Arad

위치

원래의 아라드는 사해 서쪽에 있으며, 현재의 아라드에서 서쪽으로 10㎞ 떨어진 키돗 산지(Kidod Range)의 서쪽과 서남쪽과 산으로 둘러싸인 아라드 평원(Arad Plain)에 있다. 아라드는 아래쪽 도시와 위쪽의 언덕을 나누어 볼 수 있고, 언덕 위에는 이스라엘 지역에서 유일하게 '하나님의 집'(House of Yahweh)이 있는 곳이다. 아라드는 사해의 남쪽 끝에서 서쪽으로 23㎞, 브엘세바에서 동쪽으로 45km, 예루살렘에서 남쪽으로 111km 떨어진 곳에 있다. 역사적 유적이 있는 텔 아라드와 아라드 공원은 현대의 아라드 도시 행정구역 안에 있다.

지명/지리

① 아라드라는 지명은 성경에 나오는 텔 아라드라는 가나안 부족들의 요새에서 유래한다.
② 아라드는 유대산지에서 네겝과 에돔으로 가는 길과 사해에서 네게브를 거쳐 남쪽 해안으로 가는 길이 만나는 곳에 있었기 때문에 고대시대부터 도시가 발전할 수 있는 조건을 갖고 있었다.

역사

① 청동기 초기인 주전 2950-2650년 무렵에 아라드는 크고 요새화된 번성하는 도시였으며, 가나안 왕국의 중요한 도시로서 북부 네게브를 다스리는 도시였다.
② 철기의 사용으로 이 일대에 농경지가 생겨나 일찍이 과수와 목축이 발달했다. 네게브 지역은 과거에는 지금보다 두 배의 강수량을 갖고 있었기 때문에 농사가 가능했다.
③ 가나안 도시 아라드는 2,500명 정도의 인구를 갖고 있었고, 두께가 2.4km 길이가 1.2km에 달하는 요새화된 성벽으로 둘러싸여 있었다. 성벽에는 반원형 혹은 직사각형 탑이 있어서 성을 방어하였다. 성벽에는 두 개의 성문이 있었다. 도시는 계획도시와 같이 도로가 잘 연결되어 있었다. 비가 오면 빗물이 모여 고여서 저장할 수 있도록 되어 있었다.
④ 아라드는 이스라엘 민족이 도착하기 이미 1,200년 전에 파괴되어 그 이후에는 사람들이 거주하지 않다가, 이스라엘 민족이 도착하던 그 무렵에 다시 거주민이 있었던 것으로 보인다.
⑤ 다윗과 솔로몬 시대에 성채와 성소가 만들어졌고, 바빌론에 멸망당할 때까지 지속적으로 사람들이 살았고, 성소에 기름과 포

도주, 곡식을 바쳤다는 것을 보여주는 증거가 있다.

⑥ 유다의 왕들은 성벽을 주기적으로 강화했지만 주전 597-577년 사이에 느부갓네살 왕이 예루살렘을 포위하였을 때 아라드의 성벽도 파괴되었다.

⑦ 이 시기의 유물로서 발굴된 중요한 것은 이 성채를 '여호와의 집'으로 부르는 도기파편(ostraca)이다. 이것은 주전 7세기 중반의 것으로 추정된다.

⑧ 바벨론에 의해 파괴된 후 페르시아 시대(주전 5-4세기)에도 아라드에 사람이 거주했다는 것을 보여주는 백 여 개의 도기파편과 아람어로 기록된 도기 조각이 발굴되었다.

⑨ 헬라-로마 시대에 다른 성벽이 세워졌고 헤롯은 아래쪽 도시를 새로 세웠다. 로마가 주후 135년에 예루살렘을 파괴하고 유대인들을 추방할 때까지 아라드는 주민이 계속 거주했다.

⑩ 이슬람 시대에 이르기까지 500년 동안 텔 아라드는 폐허로 있다가 일부 부족에 의해 다시 재건되었다.

성경

① 출애굽 당시 네겝에 거주하는 가나안 사람 곧 아라드의 왕이 이스라엘이 아다림 길로 온다 함을 듣고 이스라엘을 쳐서 그 중 몇 사람을 사로잡았다(민 21:1).

② 아라드는 여호수아가 정복한 가나안 도시국가 목록에 포함되어 있다(수 12:14).

③ 겐 사람 모세의 장인의 자손이 유다 자손과 함께 종려나무 성읍에서 올라가서 아라드 남방의 유다 황무지에 이르러 그 백성 중에 거주하였다(삿 1:16).

유적

① 아라드 도시의 서쪽 부분에 왕궁과 성소가 있는 복합건물이 있다. 그 안에는 두 개의 성전이 있고 이 성전들은 도시의 수호신

을 위한 것이다.

② 두 개의 성전 중 큰 건물에는 두 개의 방이 있고, 그 중 하나는 세 개의 방으로 나누어져 있는데, 그 방들 중 작은 것은 지성소다. 그 방들 중 하나에서 발견된 잘 다듬어져 있는 서있는 돌은 아마도 신의 임재를 상징한다.

③ 마당에 서 있는 돌로 된 제단이 있고, 그 옆에는 돌로 된 수반(basin)이 있는데, 이것은 정결예식을 위해 사용된 것 같다.

④ 아라드에 있는 성전은 1962년 아하로니(Yohanan Aharoni)에 의해 발굴되었다. 이 성전은 현재까지 발견된 유일한 성전 유적이다. 향을 태우는 제단과 두 개의 서 있는 돌들은 아마도 여호와 하나님과 아세라에게 바쳐진 것으로 보인다. 아하로니가 발견한 '여호와의 집'이라고 새겨진 글은 아라드에 있는 성전을 가리키거나 아니면 예루살렘 성전을 가리키는 것이다.

⑤ 이 성전은 히스기아 왕 때 진행된 종교 개혁의 결과 주전 8세기 말에 파괴된 것으로 보인다(왕하 18:4, 22).

⑥ 아라드의 가나안 왕의 왕궁은 가운데 크기가 큰 왕의 방들이 있고, 그 주변으로 마당과 다른 방들이 배치되어 있다. 그 방들은 행정과 왕을 섬기는 사람들이 사용하던 방으로 보인다. 왕궁의 아래에는 왕의 창고가 있었고, 그곳에서 많은 도기들이 발견되었다.

⑦ 솔로몬 왕 때 건설된 성채는 길이 55m, 넓이 50m의 크기다. 성벽에는 큰 탑들이 귀퉁이에 있고, 성 내부에는 군인들의 숙소, 창고, 성전이 있다.

⑧ 성채 아래의 바위를 깎아 저수조를 만들어 성채 남쪽의 가나안 저수조(the Canaanite reservoir)와 연결되는 우물에서 물이 들어와 채워지게 되어있다.

⑨ 성서 히브리어가 새겨진 백 여 개의 도기파편이 성 내부에서 발견되었는데, 대부분은 연대가 유다 왕국의 후반부로 추정되며, 날짜와 브엘세바와 같은 네겝 지역의 몇 가지 지명이 언급되고 있다.

⑩ 개인 이름이 새겨진 것들 중에는 제사장 가문인 파슈르(Pashur)

와 메레못(Meremoth)의 이름이 있다(렘 20:1; 에 8:33).

⑪ 아라드 성 사령관인 엘리아시브 밴 아시야후(Eliashiv ben Ashiy-ahu)에게 보낸 편지가 남아 있으며 그 내용은 네게브의 요새를 지키는 병사들에게 빵, 포도주, 기름을 나누어주라는 것이다. 엘리아시브 밴 아시야후(Eliashiv ben Ashiyahu)의 이름이 새겨진 인장들도 발견되었다. 또 다른 편지에서는 네게브의 안전이 위협받는 상황에 대해 논의하고 있으며, 이 편지들 가운데에서 '여호와의 집'이란 말이 등장한다.

Photo

A42_아라드_고대 가나안 시대_지성소 유적(모형)
A42_아라드_성채

아라드_고대 가나안 시대_지성소 유적(모형)

브엘세바 유적지

유적지 | 네게브와 주변

브엘세바 Beersheba

위치

해발 300m인 텔 브엘세바는 와디 브엘세바와 와디 헤브론이 만나는 곳 가까이에 위치하고 있다. 아라바 광야와 사해에서 지중해 연안으로 가는 통로이며, 시나이와 네게브에서 중앙 지역과 북쪽 지역으로 가는 통로이다. 동서남북의 도로가 교차하며, 특히 에일랏 방면의 구리 광산과 팔레스타인을 연결하는 교통 요지이다.

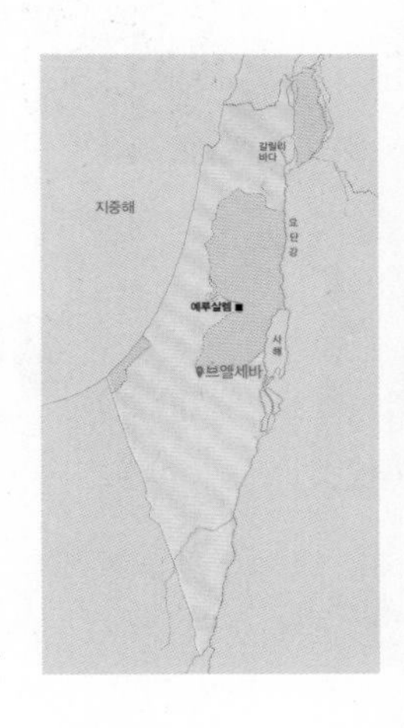

지명/지리

① 브엘세바의 브엘은 우물, 세바는 일곱의 뜻이므로 브엘세바는 7개의 우물을 뜻하기도 한다.
② 성경에서 '네게브 예후다'로 나타나는 네게브의 중심 도시이다. 이 계곡은 아랍 계곡과 함께 뢰스 토양의 넓은 고원 지대를 형성한다.
③ 연 평균 강우량 200㎜의 이 지역은 북쪽의 농경 지역과 남쪽과 동쪽의 사막지역 사이의 점이 지대에 속한다(물이 귀하여 우물은 늘 생존과 관련된 문제가 된다).
④ 브엘세바는 언덕의 정상에 건설되었으며 면적이 3에이커에 이르고 성벽이 도시를 두르고 있다.

역사

① 주전 4천 년 전부터 사람들이 거주하기 시작했다.
② 여러 시기에 걸쳐 도시가 세워지고 파괴되기를 반복했다.
③ 주전 11세기에 새로운 정착지가 조성되어, 약 20채의 집이 세워졌고 100명 정도 거주했다.
④ 주전 701년 앗수르 왕 산헤립에 의해 파괴되었다.
⑤ 페르시아 시대에 파진 구덩이가 발견되었는데, 군인을 위한 곡식저장소나 말의 먹이 저장소로 추측된다.
⑥ 헬레니즘 시대에 신전이 세워지기도 했다.
⑦ 헤롯 시대에는 목욕탕까지 갖춘 큰 성이었다.
⑧ 로마와 비잔틴 시대에는 거주지가 서쪽으로 옮겨져 큰 도시가 오늘날의 도시 근처에 건설되었다.
⑨ 1969-1976년 요하난 아하로니의 감독 아래 텔아비브 대학 고고학과에 의해 발굴되었다.

성경

① 성문의 반대편에 있는 우물은 아브라함과 이삭이 블레셋인과 조약을 맺은 우물로 추측된다(창 21:31, 두 사람이 거기서 서로 맹세하였으므로 그곳을 브엘세바라 이름하였더라).
② 아브라함이 이 우물 때문에 이곳에 거주하던 블레셋의 성주 아비멜렉과 논쟁하다가 종결의 언약을 교환한 것과 관련하여 브엘세바를 또 맹세의 우물이라고도 한다(창 21:30).
③ 아브라함이 에셀 나무를 심고 여호와의 이름을 부른 후 거룩한 장소로 여겨졌다(창 21:33).
④ 하갈이 아브라함에게 쫓겨나 브엘세바 광야에서 방황하다가 우물을 발견하여 물을 마신 후 바란 광야에 거주하였다(창 21:14-21).
⑤ 여호수아가 토지를 분배할 때 유다 영지로 시므온 지파에게 준 곳이다(수 19:1-9).
⑥ 이스라엘 전체 영토를 총칭할 때 '단에서 브엘세바까지'라고 언급한다(삿 20:1; 4:25).
⑦ 사무엘의 아들 요엘과 아비야는 이곳에서 사사가 되었다(삼상 8:2).
⑧ 엘리야가 아합을 피해 브엘세바를 거쳐 광야로 피신했다(왕상 19:3-4).
⑨ 바벨론 포로기 이후 계속 유대인의 영토가 되었다(느 11:27, 30).

유적

① 뿔 달린 제단: 네 귀퉁이에 뿔 모양이 있는 구약시대 제단이다. 유적지에 있는 것은 모형이며 진품은 이스라엘 박물관에 소장되어 있다.
② 아브라함의 우물과 이삭의 우물
③ 이외에 외곽 성문, 배수로, 성문, 도시의 광장, 통치자의 집, 길, 거주지, 바닥집, 창고, 전망대, 상수 시설 등이 있다.

A43_텔 브엘세바 유적지

A43_텔 브엘세바_제단(모형)

텔 브엘세바_제단(모형)

아브닷_교회 유적

유적지 | 네게브와 주변

아브닷 Avdat

위치

아브닷은 '크파르 사바'(Kfar Saba)에서 시작하여 브엘세바를 거쳐 네게브 사막 한가운데를 남북으로 통과하여 이스라엘의 최장 남북도로인 90번 국도와 만나는 도로(40번) 상, 해발 600m의 산지에 위치해 있는 이스라엘 국립공원 유적지로, 이스라엘 초대 수상인 '벤구리온'이 거주하던 집과 묘가 있는 '스데 보케르'(Sde Boqer)와 '미츠페 라몬'(Mitze Ramon) 사이에 있다. 이 유적지는 브엘세

TIP

고대의 향료길
Incense Route

고대(주전 7세기-주후 2세기)의 향료길(Spice Route)은 아라비아 반도에서 나는 향료나 향신료, 그 밖의 사치품을 운반하여 지중해 가자 항구를 통해 동서양 교역에 이바지했던 나바트 상인들의 주요 무역로이다. 이는 예멘에서 출발하여 사우디아라비아, 페트라, 모아(Moa, 원래는 Moyat Awad)를 거쳐 가자에 이르는 총 2천여 km에 걸친 대상들의 길이었다. 네게브를 통과하는 구간은 아라바 광야의 모아(Moa)에서 시작하여 미츠페 라몬, 아브닷, 할루짜(Halutza)를 거쳐 가자에까지 약 200km에 이른다. 이 길은 페트라에서 '왕의 대로'와 만나 메소포타미아 지역과 연결되는 무역망을 가능하게 하였다.

바에서 남쪽으로 65km 떨어진 지점에 있고, 스데보케르에서 차량으로 15분 정도 이동하면 닿을 수 있다.

지명

① 네게브 사막의 고대 '향료길' 상에 위치해 있으며 페트라(Petra) 다음으로 중요한 향료길 도상의 도시였던 아브닷(Avdat)은 오브닷(Ovdat) 또는 오보닷(Obodat)으로도 불렸다.
② 원래 아브닷은 주전 3세기 말엽 '요단 건너편 땅'(Transjordan)의 페트라와 지중해 해안의 항구도시 가자(Gaza)를 잇는 대상로(隊商路) 상에서 나바트(Nabat) 대상들의 야영지였다.
③ 전승에 의하면, 아브닷은 신이 되어 이곳에 장사되었다고 알려진, 주전 1세기 나바트 왕국의 왕 오보다(Obodas) II세(주전 62-58년 재위)를 기려 '오보닷'으로 불리기도 하였다.

역사

① 발견된 주화(鑄貨)와 토기에 의하면, 아브닷은 주전 3세기 페트라와 가자를 오가는 대상들이 머물렀던 네게브 사막의 주요 체류지였다.
② 주전 28-9년 나바트 왕국을 다스렸던 오보다 III세는 이곳에 석조(石造) 신전을 건축하였다. 그는 신으로 숭상을 받았던 오보다 II세(주전 62-58년)를 기념하여 이 신전을 지었다.
③ 주후 106년 로마 제국은 나바트 왕국이 통치하던 네게브를 제국에 병합하였다.
④ 주후 2-3세기 로마 제국은 향료길을 보호하기 위해 2천여 명의 병사들을 이곳에 주둔시켰다.

⑤ 주후 3세기 초 연 강수량 100㎜인 이 지역에 포도를 재배하였다.
⑥ 로마의 디오클레티안(Diocletian) 황제 시절(주후 3세기 말–4세기 초) 293년경 100㎡ 규모의 로마 군인 병영이 아크로폴리스에 세워졌다.
⑦ 비잔틴 시대인 주후 4세기 기독교인들에 의해 이곳에 교회들이 세워졌는데, 당시 주민수는 이곳에서 발견된 5개의 포도주 제조소와 350–400호 정도의 주택을 통해 추정해보면 2–3천 명 정도로 여겨진다.
⑧ 주후 5세기 초 지진으로 도시가 심하게 파괴되었다.
⑨ 5–6세기 아브닷의 아크로폴리스에 두 교회를 가진 수도원과 요새가 세워졌다.
⑩ 주후 7세기 경 이곳의 번영을 시기하던 유목민들에 의해 황폐하게 되었다.

TIP

나바트 왕국
Nabatean kingdom

나바트 왕국은 주전 168년 아라비아와 시리아 사이에 거주하며 무역에 종사하던 대상들을 묶어 아레다(Aretas) I세(주전 168-144년 재위)가 세운 왕국이다. 그는 수도인 페트라를 거점으로 아라비아와 가자를 잇는 향료길이 지나가는 네게브 사막에 여러 도시를 건설하고, 무역을 통해 왕국을 번성하게 하려 하였다. 오래 지나지 않아 이 왕국은 주후 106년 로마 제국에 합병되었다. 기독교인으로 회심한 바울은 아레다 왕의 고관을 피해 다메섹 성벽에서 광주리를 타고 성을 탈출하였는데(고후 11:32-33), 그때 나바트 왕은 아레다 IV세(주전 9년-주후 38년 재위)였다.

성경

① 성경에서 네게브의 아브닷은 지명으로 나타나지 않는다.
② 다만, 바울서신에서 나바트 왕국의 왕인 아레다(IV세)가 간접적으로 언급될 뿐이다.

유적

① 아브닷은 2005년 유네스코 세계문화유산으로 등재되었다.
② 주전 1세기 말 오보다(Obodas) II세에게 봉헌된 오보다 신전의 벽감에서 나바트 인들이 섬기던 두 신상(Allat와 Dushura)이 발견되었다.
③ 로마 시대의 빌라, 망대(주후 3세기), 병영 유적이 남아 있다.
④ 비잔틴 시대의 포도주 짜는 틀이 발견되었는데, 이는 네게브 사

막에서 포도를 재배하기 시작한 증거이다.

⑤ 비잔틴 시대에 아크로폴리스에 건축된 요새는 이곳 주민을 외부의 적으로부터 보호하고 방어할 목적으로 세워진 것이다.

⑥ 비잔틴 시대에 건축된 두 개의 대 교회당과 하나의 수도원이 발견되었다. 5세기 세워진 남쪽 교회에는 4세기에 순교한 성 테오도르(Theodore)가 묻혀있다. 또 주교좌 예배당인 북쪽 교회에는 성인(成人)을 위한 세례당이 있었는데, 이는 기독교로 회심한 입교자를 위한 세례당이었다.

⑦ 그 밖에 유적지에서 '동굴 도시', 로마 시대의 매장 동굴, 목욕관, 수로, 저수지, 옹기제작소 등이 발견되었다.

⑧ 아브닷이 네게브 광야에서 향료길 도상의 주요 도시가 될 수 있었던 것은 주변을 통제할 수 있는 고지(高地)라는 지형적 입지와, 주변에 큰 샘인 '엔 아브닷'(En Avdat)이 있었기 때문이다. 엔 아브닷은 오늘날 이스라엘 국립공원으로 관리되고 있으며, 그 입구는 '상부 엔 아브닷'과 '하부 엔 아브닷' 두 곳이 있다.

A44_아브닷

A44_아브닷_교회 유적

아브닷

미츠페 라몬_분지

유적지 | 네게브와 주변

미츠페 라몬 Mitzpe Ramon

위치

① 이스라엘 남부 네게브에 위치한 사막도시이다.
② 해발 860m 북쪽 사면(ridge)에 위치하고 있어서 라몬 분지(Ramon Crater)로 알려져 있는 상당히 큰 둥근 침식지를 내려다 볼 수 있다.

지명/지리

① '라몬 전망대'(Mitzpe Ramon)란 의미이다.

② '라몬'은 로마인을 의미하는 아랍어 루만(Ruman)에서 유래했다.
③ 하절기에는 건조하고 더우며, 동절기에는 춥고, 몇 년에 한 번 눈이 내리기도 한다.
④ 연중 바람이 강하게 불어 체감 온도는 실제 온도보다 항상 낮다.
⑤ 일 년에 한두 번 눈이 내린다.

역사

① 에일랏 도로 건설자 숙소로 사용하기 위해 1951년 설립했다.
② 2009년 인구가 4,789명에 이르렀다.

유적

① 라몬 분지를 조망하는 전망대가 있다.
② 분지는 마크테쉬(makhtesh)라고도 불리며, 라몬 분지는 길이 38km, 넓이 6km, 깊이 450m의 상당히 큰 분지다.

Photo

A45_미츠페 라몬_전망대
A45_미츠페 라몬_분지

미츠페 라몬_전망대

에일랏_산호초 해변

유적지 | 네게브와 주변

에일랏(에시온게벨) Eilat(Ezion-Geber)

위치

에일랏은 이스라엘 최남단에 위치해 있으며, 동쪽으로는 요르단의 '아카바'(Aqaba)와 남쪽으로는 이집트의 '타바'(Taba)와 접경을 이루는 국경 도시이자 홍해의 '아카바만'(Gulf of Aqaba) 최북단에 자리 잡고 있는 항구 도시이다. 네게브 광야와 아라바 광야의 가장 남쪽에 위치해 있으며, 온화한 기후와 따뜻한 바닷물로 인하여 이스라엘 최고의 휴양 도시이기도 하다. 레바논과 접경을 이루고 있는 최북단 도시 '메툴라'(Metula)에서 최남단 도시인 '에일랏'까지 거리는 약 470㎞가 되며, 차량이동 소요시간은 승용차로 6시간 정도이다.

지명

① 에일랏은 히브리어로 '엘랏'(Elat)이며(신 2:8), 구약성경에서는 '엘롯'(Elot)으로도 나타난다(왕상 9:26). 이는 '피스타치오 나무'를 뜻하는 히브리어 '엘라'(Elah)의 복수 '엘롯'(Elot)에서 유래되었다고 추정하나 확실치 않다.
② 네게브 남쪽 에일랏 산지 최남단, 아라바 광야 최남단, 홍해가 만나는 곳에 있으며, 성경에 언급된 '에시온게벨'에 가깝게 있다.
③ '에시온게벨'은 고고학자 '넬슨 글뤽'(Nelson Glueck)에 의하면 요르단의 최남단 도시이자 홍해와 닿은 항구 도시 아카바의 '텔 엘 켈레이페'(Tell el-Kheleifeh) 또는 '텔 알 칼라이피'(Tall al-Khalayfi)로 추정되는데, 아랍어로 '칼리파의 언덕'이란 뜻이다.
④ 기후는 메마르고 뜨거운 사막 기후이다. 여름철에는 뜨겁고 습도가 낮으며, 겨울철에는 거의 비가 오지 않는다. 낮은 습도, 따뜻한 바닷물, 따뜻한 기온, 연중 고른 맑은 일기로 에일랏은 이스라엘에서 휴양의 최적지이다.
⑤ 기온은 동절기 11-23℃, 하절기에는 26-40℃를 웃돌기도 한다.
⑥ 바닷물 평균 수온은 20-26℃로 산호가 자라기에 적합하다.
⑦ 1년 내내 맑은 날이 계속되는데, 연중 360일 태양이 비친다.
⑧ 도시 동쪽으로 해발 890m가 넘는 에일랏 산지가 펼쳐지며, 이곳에서 북쪽으로 30㎞ 떨어진 지점에 고대에 구리 광산이 있었던 '팀나'(Timna)가 자리 잡고 있다.

역사

① 고고학적 발굴에 의하면 주전 7천 년경 이곳에 사람들이 거주하였다.

② 지구상에서 가장 오래된 구리 광산이 근처 팀나 계곡에 있었다. 고대 이집트의 기록에 의하면, 이집트 고왕국 제4왕조(주전 27-26세기) 당시 에일랏은 구리 교역지였다.
③ 이집트 중왕국 제12왕조 때 에일랏은 이집트 '테베'(Thebe)의 홍해 항구 '엘림'(Elim)과 함께 이디오피아나 푼트에서 생산된 향료나 몰약, 사해의 역청, 팀나의 구리, 비블로스 산 아마천 등을 무역한 주요 교역지로 언급된다.
④ 구약성경에 의하면, 이스라엘이 출애굽 하여 지나간 경유지이다.
⑤ 다윗이 에돔을 정벌할 때(삼하 8:13-14) 에일랏은 에돔과 미디안의 경계였다.
⑥ 솔로몬은 항구도시로 에시온게벨을 재건하였다(왕상 9:26).
⑦ 유다 왕 아사랴가 부친 아마샤 사후 엘랏을 재건하여 유다에 복속시켰다(왕하 14:22).
⑧ 에돔 왕이 엘랏을 다시 점령하였다(왕하 16:6).
⑨ 로마 시대에 이 도시와 페트라를 연결하는 도로가 건설되었다.
⑩ 초기 아랍 왕조인 움마야드 시기(주후 700-900년)에 구리 주조와 무역으로 번영하였다.

성경

① 출애굽 노정 목록에 의하면, 이스라엘은 아라바 광야의 욧바다와 아브로나를 지나 '에시온게벨'에 머물렀고, 여기서 신 광야의 가데스로 이동하였다(신 33:35-36).
② 애굽을 탈출한 이스라엘이 아라바 광야를 지나 '엘랏'과 '에시온게벨'을 지나갔다(신 2:8).
③ 솔로몬 왕이 에돔 땅 홍해 물가의 '엘롯' 근처 '에시온게벨'에서 선박을 건조하였다(왕상 9:26). 이때 솔로몬은 두로 왕 히람이 보낸 선원들의 도움을 받아 '오빌'(Ophir)과 무역하여 금(金) 420달란트를 수입하였다(왕상 9:27-28). 오빌에서 금을 실어온 히람 왕의 배들은 거기서 백단목과 보석을 운반하였다(왕상 10:11).
④ 솔로몬이 성전 건축을 준비할 때 에돔 땅의 바닷가 '에시온게벨'

과 '엘롯'을 방문하였고, 이때 솔로몬의 종들이 두로 왕의 도움을 받아 두로 선원들과 함께 오빌에 가서 금 450달란트를 가지고 왔다(대하 8:17-18).

⑤ 유다 왕 여호사밧이 '다시스'의 선박을 제조하고 솔로몬처럼 오빌로 금을 구하러 보내려 하였으나 그 배가 에시온게벨에서 파선하여 뜻을 이루지 못하였다(왕상 22:48).

⑥ 이때 이스라엘의 왕 아합의 아들 아하시야가 자신의 선원들을 여호사밧의 선원들과 함께 보내려 하였으나, 여호사밧의 하락을 받지 못하였다(왕상 22:49).

⑦ 분열왕국 시대 유다 왕 아사랴가 엘랏을 중수하여 유다에 복속시켰다(왕하 14:22).

⑧ 아람 왕 르신이 엘랏을 점령하여 아하스가 다스리던 유다 사람을 엘랏에서 쫓아내었다(왕하 16:6). 사본의 다른 본문에 의하면, '아람'이 아니라 '에돔'이다. 주전 735년경 에시온게벨은 에돔 사람에게 넘어가 그 이후로 성경에서 언급되지 않는다.

유적과 명소

① 에일랏 건너편 요르단의 아카바에 에시온게벨로 추정되는 '텔 엘 칼라이페'가 있다.

② 해안으로부터 너비 20m, 길이 1.2㎞로 산호초(珊瑚礁)가 펼쳐진 해상 국립공원이 있다.

③ 에일랏 북쪽 30㎞ 지점에 위치해 있는 '팀나 공원'에는 솔로몬의 기둥 모양을 한 사암(砂巖) 절벽, 동석기(銅石期) 시대의 구리 광산, 이집트 광산의 신인 하솔(Hathor)을 섬긴 신전(神殿), 이집트인의 암각화(岩刻畵), 실물 크기로 제작하여 전시되고 있는 성막(聖幕) 모형, 버섯이나 아치(arch) 등 모양을 하고 있는 기이한 지형 등의 볼거리들이 있다.

TIP

홍해의 아카바 만
Gulf of Aqaba

아카바 만(灣)은 시내 반도로 인해 V자형 모양의 두 개의 만, 곧 수에즈 만과 아카바 만으로 나누어지는 홍해의 동편에 위치해 있는 만으로, 이집트, 이스라엘, 요르단, 사우디아라비아가 접해 있다. 이 만은 그 길이가 V자로 갈라지는 남쪽 꼭지점 부근에 있는 티란(Tiran) 섬에서부터 에일랏까지 약 160㎞이며, 가장 폭이 넓은 너비는 24㎞, 가장 깊은 수심(水潯)은 1,850m에 이르고, 시리아에서 시작하여 아프리카까지 이어지는 요르단 지구대가 해저로 통과한다. 이 만의 서안은 이집트 영토에 속하지만, 그 북쪽 11㎞는 이스라엘 영토이다.

④ 에일랏에서 육로의 국경 통과소를 통해 이집트의 타바, 요르단의 아카바로 갈 수 있다.

⑤ 현재 에일랏은 유류(油類)와 자동차 등을 수입하는 국제 무역 항구로 에일랏 전역이 이스라엘 면세 지역이다.

Photo

A46_에일랏_산호

A46_에일랏_산호초 해변

에일랏_산호

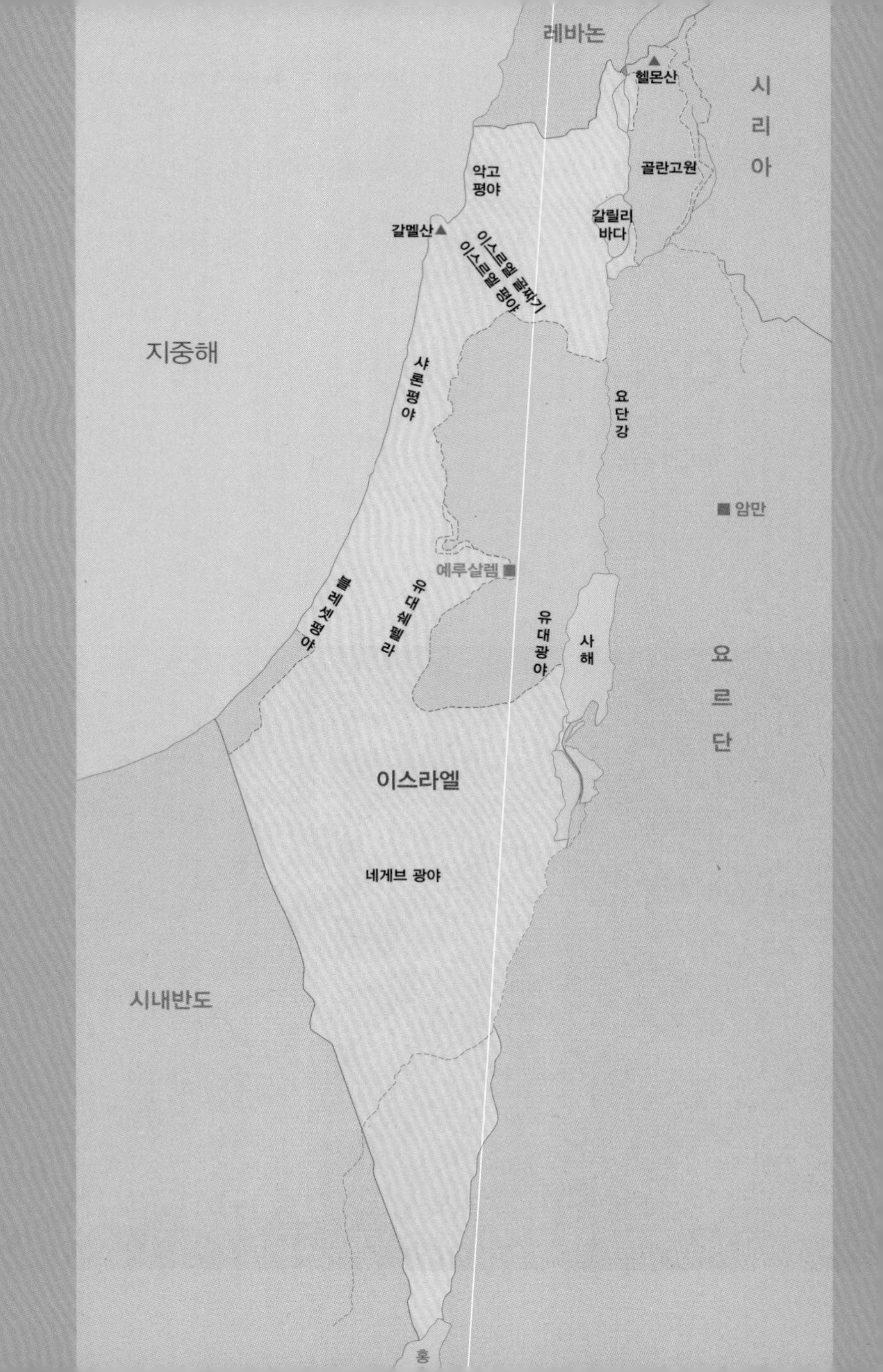

레바논
헬몬산
시리아
악고 평야
골란고원
갈릴리 바다
갈멜산
이스르엘 골짜기
이스르엘 평야
지중해
샤론평야
요단강
암만
예루살렘
블레셋평야
유대쉐펠라
유대광야
사해
요르단
이스라엘
네게브 광야
시내반도
홍

A Guidebook to the Holy Land

ISRAEL

지역

상부_요단 강

요단 강 Jordan River

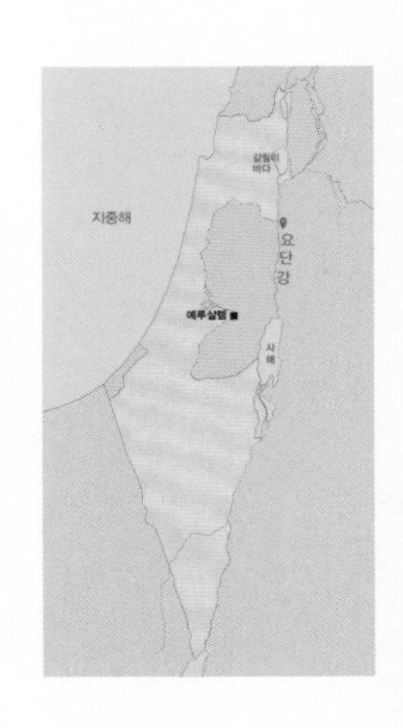

규모

요단 강은 6천km가 넘는 길이의 '요르단 대 지구대'(Syrian-African Rift Valley) 상에 위치해 있으며, 세 샘인 스닐, 단, 헬몬 샘에서 발원되어 훌라(Fula) 호수와 갈릴리 호수 사이를 흐르는 상(북)부 요단 강과, 갈릴리 호수와 사해 사이를 흐르는 하(남)부 요단 강으로 이루어진 강이다. 그 길이는 훌라 늪지에서 갈릴리 호수까지 16km이고, 갈릴리 호수에서 사해까지의 하부 요단 강은 직선거리로

104㎞이나 굽은 하상은 세 배로 늘어나 320㎞까지 이른다. 연중 평균 너비는 27-30m 정도였으나, 최근 수량의 감소로 강폭이 점점 좁아지고 있다.

명칭

① 히브리어로 '나할 하-야르덴'(Nahar ha-Yarden)로 불리며, 추정되는 어원은 '단'(Dan)에서 '내려오다'(yarad)로 '단에서 흘러 내려오는 강'을 의미한다.
② 아랍어로 '나흐르 알-우르둔'(Nahr al-Urdun)로, '요르단의 강'이란 뜻이다.

지리

① 현재의 요단 강은 성경에 언급된 고대의 요단 강보다 하수량이 많이 줄었다.
② 현재 요단 강 양편은 하부의 퇴적층인 고르(Ghor)와 상부의 퇴적층인 조르(Zor)로 구분되는 계단식 둔덕으로 이루어져 있다.
③ 성경 시대에 강의 수면은 적어도 고르 지역까지 이르렀을 것으로 추정된다.

성경

① 요단 강은 성경에서 40여 회 등장한다.
② 이는 자연적으로 형성된 지리적 경계로 성경 저자의 기록 관점에 따라 '요단 건너편'(히브리어로 eber ha-Yarden, 영어로 Trans-jordan)은 '요단 동편' 혹은 '요단 서편'이 될 수 있었으나, 대부분 현재의 이스라엘 땅에서 볼 때 '요단 동편'을 가리킨다(신 3:20; 요 1:28 등).
③ 왕국 시대에는 요단 골짜기의 '깊은 숲'에 '사자'(ari 또는 aryeh)가 서식하였다(렘 49:19; 50:44).

④ 아브라함의 조카 롯은 삼촌의 제안에 대해 요단 강 근처의 들판을 정착지로 택하였다(창 13:10).
⑤ 이스라엘이 약속의 땅 가나안에 들어갈 때 하나님에 의해 마르게 된 이 강을 건넜다(수 3:14–17).
⑥ 사사 에훗은 이 강 건너편 나루(ma'bara)를 장악하여 퇴각하는 모압 사람 만 명을 죽였으며(삿 3:28–29), 사사 입다 역시 길르앗 사람과 함께 나루에서 도피하던 에브라임 사람 4만 2천 명을 죽였다(삿 12:4–5).
⑦ 선지자 엘리야는 요단 강 건너 그릿 시냇가에 피신한 적이 있으며(왕상 17:5), 말년에는 후계자 엘리사가 지켜보는 가운데 이 강을 건너 승천하였다(왕하 2:7–14).
⑧ 아람의 나아만 장군이 엘리사의 말에 순종하여 이 강에 일곱 번 들어가 나병을 고쳤다(왕하 5:8–14).
⑨ 요단 강은 때때로 범람하기도 하였다(욥 40:23 등).
⑩ 이 강에서 예수께서 세례 요한에게 세례를 받으셨다(마 3:13–17; 막 1:9–11; 눅 3:21).
⑪ 이 강 근처에 세례 요한이 세례를 베풀던 '요단 건너편 베다니'(요 1:28)와 '살렘 가까이 애논'이 있었다(요 3:23).

TIP

요단 강의 나루

주후 6세기 마다바 지도에 의하면, 요단 강에 두 군데의 나루가 묘사되어 있는데, 이곳에 뱃사공이 있어 뱃사공이 강 양편 나루와 중앙에 세운 말뚝을 연결한 줄을 끌어당겨 이 강을 건넜다.

마다바 지도에 묘사된 요단 강

① 이 강에 줄을 끌어당겨 건너는 두 나루가 묘사되어 있다.
② 갈릴리 호수와 사해를 잇는 하부 요단 강에서 잡히던 두 종류의 물고기가 묘사되어 있다.
③ 요단 강 주변의 마을로 '살렘 가까이 있는 도시 애논'(요 3:23), 여리고와 벧샨 사이의 도로 상에 위치해 있던 '코레우스', '성 세례 요한의 (성소) 벧아라바'(요 1:28), '갈갈라(길갈), 곧 열두 돌'(수 3–4장), 종려나무가 묘사된 '여리고'(수 2, 6장), '현재 삽사파스

(아랍어로 버드나무)로 불리는 애논'이 묘사되어 있다.

Photo

B01_상부_요단 강
B01_하부_요단 강

하부_요단 강

눈_덮인_헬몬 산

헬몬 산 Mt. Hermon

규모

오늘날 레바논과 시리아의 자연 경계 역할을 하는 '레바논 건너편 산지'(Anti-Lebanon Mountains, 아랍명 Jabal Lubnan ash Sharqi[레바논 동편산지])에서 가장 높은 해발 2,814m의 산이다. 지금은 헬몬 산 중턱까지 이스라엘 영토이며, 정상은 해발 2,224m의 '슬라깁 전망대'(Mitzpe Shlagim [눈(雪)])이다.

지명

① 아랍어로는 '자발 알-쉐이크'(Jabal al-Sheikh)로, '족장의 산'이라는 의미이다.
② 구약성경에는 다르게 불리기도 하는데, 곧 시돈 사람들은 '헤르몬'(음역 시 '헬몬'이 적절) 산을 '시룐'(음역 시 '실욘'이 적절)이라 불렀으며, 아모리 인들은 '스닐'로 불렀다(신 3:9).

지리

① 연중 몇 달은 해발 1,000m 이상 고도에서는 눈이 내리며, 더 높은 곳에 내린 눈은 몇 달 동안 쌓여 있게 된다. 바람과 태양에 의해 녹은 눈은 골짜기로 스며들었다가 산 기슭의 샘을 통해 물이 되어 솟아나게 된다.
② 헬몬 산에서 녹은 눈(雪)물은 요단 강을 거쳐 이스라엘 전역으로 스며들어 사람들에게 주요 식수원이 된다.
③ 또한 산 정상에서는 밤사이 온도가 급강하하여 많은 양의 이슬이 내리게 되는데, 건조한 이스라엘에 있어서는 이 또한 중요한 수분 공급원이 된다.
③ 겨울에 스키장이 개장되기도 한다.

성경

① 시편 기자는 형제가 함께 연합하는 것을 헬몬 산의 이슬같은 풍요로움의 복과 비교했다(시 133:3).
② 이외에도 시편에 몇 번 언급된다. "남북을 주께서 창조하셨으니 다볼과 헤르몬이 주의 이름을 인하여 즐거워하나이다"(시 89:12). "내가 요단 땅과 헤르몬과 미살산에서 주를 기억하나이다"(시 42:6).
③ 헬몬 산의 남쪽 비탈에는 "마캄 이브라임 엘 칼릴"(Makam Ibrahim el Khalil), 즉 '친구인 아브라함의 거룩한 곳'이라는 의

미를 지닌 아랍인들의 성지가 있다. 그들의 전승에 따르면 하나님과 아브라함 사이의 언약이 맺어진 곳이 바로 이곳이라고 한다(창 15:17-18, 해가 져서 어두울 때에 연기 나는 화로가 보이며 타는 횃불이 쪼갠 고기 사이로 지나더라 그 날에 여호와께서 아브람과 더불어 언약을 세워 이르시되 내가 이 땅을 애굽 강에서부터 그 큰 강 유브라데까지 네 자손에게 주노니).

 Photo

B02_눈_덮인_헬몬 산1
B02_바라캇람에서_바라본_헬몬 산자락

바라캇람에서_바라본_헬몬 산자락

골란 고원_니므롯_성채

골란 고원 Golan Heights

규모

이스라엘 북쪽 헬몬 산에서부터 남쪽 야르묵 강까지의 고지대를 가리키며, 해발 530-780m의 암석 고원이자 군사적 요충지이다. 시리아와 이스라엘의 국경지대에 위치하고 있으며, 안티레바논(레바논 건너편) 산지의 서쪽 끝에 자리하고 있다.

명칭

① 히브리어로 라맛 하 골란(Ramat ha-Golan), 아랍어로 자울란이라 불린다.
② 시리아 고원이라고도 한다.

지리 및 지질

① 기후가 서늘하고 강우량이 충분해서 땅이 비옥하고 목축업과 과수산업이 활발한 곳이다.
② 올리브 기름이 많이 생산되는 까닭에 골란 고원 지역은 비잔틴 시대에 경제적으로 풍요로운 시기를 보냈다.
③ 골란 고원은 군사적 의미뿐 아니라 이스라엘 전역 물 공급의 15%를 차지한다는 점에서 국가적으로 매우 중요한 요충지이다.
④ 이스라엘이 지배하고 있는 부분은 현무암 지대로서 400만 년 전 화산 활동으로 조성된 지형으로 본다. 골란 고원 전체는 사화산의 작은 분화구들이 원뿔 모양으로 흩어져 있다. 남쪽의 화산재로 된 비옥한 흙이 북쪽으로 퍼져 북쪽에 넓은 목초지가 형성되어 있다.

성경

① 골란은 므낫세 지파의 도피성이었다(신 4:43; 수 21:27; 대상 6:71).
② 그술(Geshur) 족속이 거주하던 곳이었다(수 13:13, 그술 족속과 마아갓 족속은 이스라엘 자손이 쫓아내지 아니하였으므로 그술과 마아갓이 오늘까지 이스라엘 가운데에서 거주하니라). 후에 다윗은 그술 왕의 딸과 결혼하여 아들 압살롬을 얻었고(삼하 3:3), 압살롬은 반역 후에 그술로 도피하여 그곳에서 3년을 지냈다(삼하 13:37-38).
③ 이스라엘 왕 아합이 다메섹의 벤하닷 1세(Ben-Hadad I)를 골란

고원 남부 아벡(Aphek) 근처에서 물리쳤다(왕상 20:26-30).

④ 엘리사 선지자가 이스라엘 왕 요아스가 다메섹의 벤하닷 3세(Ben-Hadad III)를 물리칠 것이라고 예언한 곳도 골란 고원 남부의 아벡 부근이다(왕하 13:17).

역사

① 현무암으로 만든 고대 석기들이 발견됨에 따라 이곳에 사람이 주전 12만년 전부터 거주했던 것으로 보인다.

② 주전 4500-3300년 사이에 이곳에 약 25개의 마을이 있었다. 주전 3000년 경에는 거주하는 사람들의 숫자가 늘어서 활기찬 도심지가 형성되었던 것으로 보인다. 주전 2000경의 것으로 추정되는 거대한 돌로 만들어진 유적지는 당시 사람들의 무덤으로서 '돌멘'(dolmen)이라는 이름으로 불린다. 'dol'은 '테이블'이란 뜻이고 'men'은 '돌'이라는 뜻이다. 이런 거대 석군은 골란 고원에서 갈릴리 서쪽까지 수천 개가 흩어져 있다.

③ 골란 고원 지역이 발전한 것은 주전 20년에 아우구스투스가 헤롯 대왕에게 골란 고원을 통치하게 한 이후이다.

④ 1세기에 이 지역에 유대인들이 정착하여 거주했다는 것은 주후 66-70년 유대-로마 전쟁때 골란 고원 지역의 유대인들이 참여하였다는 역사적 기록에서 확인되고 있다. 최후의 일전은 골란 고원의 요새화된 도시인 감라(Gamla)에서 벌어졌다.

⑤ 주후 135년에 하드리안 황제가 유대인들의 반란을 진압했을 때 유대인들이 유대에 거주하지 못하게 했기 때문에 유대인들이 북쪽으로 올라와 살았으며, 4세기 경에 골란 고원의 인구가 많이 증가했다.

⑥ 카스린(Qasrin)은 골란 고원에서 유대교 회당이 발견된 약 25개의 지역 중 하나이다. 갈릴리

TIP

골란 고원과 6일전쟁(제3차 중동전쟁, 1967.6.6-10)

시리아가 갈릴리 호수로 내려가는 물줄기를 바꾸려하자 이스라엘이 먼저 선제 기습작전으로 전쟁을 벌여 6일만에 아랍 9개 연합군을 격파하여 골란 고원을 차지하게 된다. 현재 약 12만명이 거주하고 있는데 이들 대부분은 6일전쟁 때 남게 된 드루즈인과 이스라엘로부터 이주한 유대인이다.

회당 형태로부터 더 변화한 이런 회당들 중 상당수는 예루살렘을 향하여 지어지지 않았다. 이곳에 있는 고고학 박물관은 감라와 카스린에서 발견된 유물들과 고대 시대부터 비잔틴 시대에 이르는 기간 동안 이곳에 사람이 거주한 것을 보여주는 자료들을 전시하고 있다.

B03_골란 고원_니므롯_성채

B03_골란 고원_쿠네이트라

골란 고원_쿠네이트라

갈릴리 바다에서_하부 요단 강과_만나는_야르데닛

갈릴리 바다 Sea of Galilee

규모

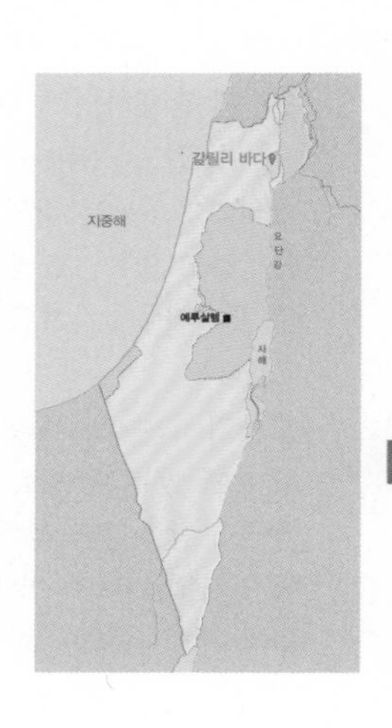

이스라엘 북부 갈릴리 지역 동편에 위치한 담수호로서, 남북 길이 21km, 넓은 동서 폭 12km, 면적 160km², 최대 깊이 210m의 규모를 지녔다. 수량은 매년 강수량에 따라 변하고, 생활용수로 사용되기 위해 얼마나 많은 물을 펌프로 퍼 가느냐에 따라 변한다. 평균 수면의 높이는 바다수면보다 210m 더 낮다.

명칭

① 구약에서는 갈릴리 바다는 긴네렛 바다(민 34:11; 수 12:3; 13:27) 또는 긴네롯 바다(수 12:3) 등으로 불린다.

② 히브리어로 '키노르'(kinnor)는 하프를 뜻하므로 긴네렛이란 지명은 갈릴리 바다가 하프 모양으로 생겼기 때문에 생겨난 것으로 보인다.

③ 어떤 사람들은 바다의 모양이 하프처럼 생겼다고 하지만, 어떤 사람들은 바다의 물소리가 하프의 소리와 같아서 그런 이름이 붙었다고도 한다.

④ 신약에서는 게네사렛(눅 5:1), 갈릴리 바다(마 4:18; 15:29; 막 1:16; 7:31), 디베랴 바다(요 6:1) 또는 바다(요 6:16–17), '그 호수'(눅 8:22)로도 불린다.

⑤ 헤롯 대왕의 아들 헤롯 안티파스 때에 갈릴리 호수 옆의 도시인 티베리아스가 만들어졌다.

⑥ 예수는 갈릴리 호수 근처 마을이 가버나움을 자신의 사역의 중심지로 삼았고, 그의 제자들 중 유명한 사람들은 이곳 벳새다 출신이다.

⑦ 이런 이유로 비잔틴 시대에 기독교인들이 이 지역 일대에 많이 모여들어 살았고, 이 지역의 회당들뿐 아니라 고대 교회들도 당시부터 존재하여 양자 간에 경쟁이 시작되었다.

⑧ 키부츠 긴노살(Kibbutz Ginnosar)에 있는 이갈 알론 센터(Yigal Allon Center)는 갈릴리 지역의 역사와 사람이 거주한 유적들을 전시하고 있다. 또 이곳에는 1986년에 호수의 수면이 낮아졌을 때 발견된 1세기경의 것으로 추정되는 고기잡이배를 전시해 놓고 있다.

⑨ 갈릴리 호수 남부의 키부츠 데가냐 알레프(Kibbutz Deganya Alef)에 있는 베이트 고든(Beit Gordon)에 있는 전시물도 이 지역에 사람들이 정착하여 산 역사에 관해 잘 보여주고 있다. 특별히 역사적 기록이 발전된 과정, 항해기술, 고대 시대의 고기잡이 등에 관해 자세한 설명을 한다.

지리 및 지질

① 이스라엘 전 지역에 물을 공급하는 수원지이다.
② 헬몬 산에서 녹은 눈이 유입되어 풍성한 수량을 유지해준다.
③ 갈릴리 바다는 평지보다 200m 낮은 지리상 특성이 있다. 헬몬 산의 찬 공기가 내려와 갈릴리의 더운 공기와 만날 때 큰 풍랑이 발생한다.
④ 작은 배들은 주변의 와디(wadi)에서 불어오는 강한 바람에 항상 주의해야 했다. 이런 강풍은 순식간에 풍랑을 일으킬 수 있다(마 8:23-27; 14:24-33). 파도가 해변가에 도달한 뒤에 반동으로 다시 호수 쪽으로 파도가 치고 이 파도가 해변가로 가는 파도와 만나면 파도가 급격하게 높아진다.
⑤ 물은 담수이며 여름에 기온이 평균 섭씨 33도 정도가 되면 수영을 해도 시원하게 느껴지지 않는다.
⑥ 호수에는 22가지의 물고기가 살고 있다. 고기잡이는 예수 당시의 중요한 산업이었다.

성경

① 예수께서 시몬과 안드레, 세베대의 두 아들을 제자로 부르신 곳이다(막 1:16-20).
② 예수께서 제자들에게 비유를 베푸신 주요 배경이다(마 13:1).
③ 예수께서 물 위를 걸으신 이적이 일어난 곳이다(마 14:25).
④ 제자들이 승선 중 풍랑을 만나 당황하자, 예수께서 바람과 바다를 꾸짖어 잔잔케 해주셨다(마 8:23-27; 막 4:35-41; 눅 8:22-25).
⑤ 부활하신 예수께서 제자들을 찾아오신 곳이다(요 21:1).

Photo

B04_갈릴리 바다에서_하부 요단 강과_만나는_야르데닛
B04_긴네렛(갈릴리)_바다

긴네렛(갈릴리)_바다

이스르엘 골짜기 내_저수지

이스르엘 골짜기 Jezreel Valley

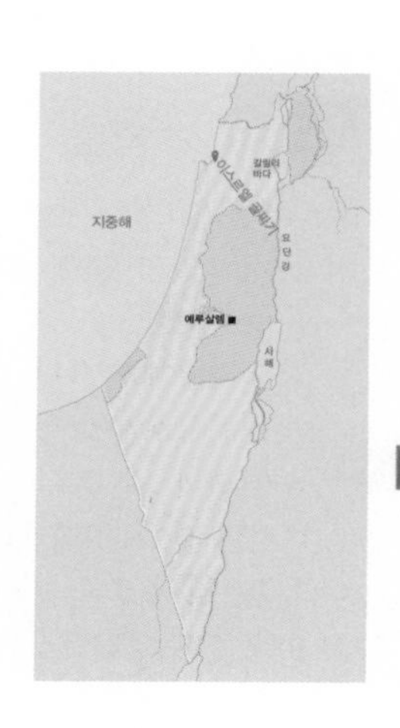

규모

이스르엘 골짜기는 하부 갈릴리 남쪽의 비옥한 넓은 평야와 골짜기를 가리킨다. 사마리아 고지대와 길보아 산을 접하고 있다. 그 북쪽에 있는 도시는 아풀라(Afula)와 티베리아스(Tiberias)다. 그 서쪽에는 갈멜 산이 있고 동쪽에는 요르단 계곡이 있다. 이 골짜기는 원래 사해와 지중해가 연결되는 수도였을 것으로 보인다. 약 200만 년 전에 지중해와 요르단 골짜기 사이의 땅이 솟아올라 그 연결이 끊어져 사해가 고립되게 되었다. 이스르엘 도시는 원래 잇사갈 지파의 경계선 안에 있던 요새 도시였고, 후에는 북이스라엘에 소속되었다.

명칭

① 이스르엘 골짜기라는 지명은 고대 도시인 이스르엘(Jezreel)에서 유래한다. 이스르엘 도시는 골짜기의 남쪽 끄트머리를 내려다보는 낮은 언덕 위에 있었다.
② 일부 학자들은 그 이름이 그 도시를 만든 부족의 이름에서 유래한다고 주장하기도 한다. 이 부족이 존재했다는 것은 메르넵타(Merneptah) 석비에 적혀 있다.
③ 히브리어로 이스르엘은 '하나님이 뿌리신다'(God sows)라는 뜻이다.
④ 이스르엘 골짜기는 이스르엘 도시 주변의 골짜기의 중앙 부분을 가리키는 것으로 사용되었고, 남쪽 지역은 므깃도 골짜기(valley of Megiddo)라고 불렸다.
⑤ 이 지역은 코이네 헬라어로는 에스드레온(Esdraelon) 평지로 알려져 있다.

지리와 지질

① 이스르엘 평야에는 다볼산(588m), 모레산(540m), 길보아산(546m) 등이 함께 있어 지리적으로 군사적 요충지가 되기 좋았던 장소이다.
② 또한 지중해와 요단 계곡이 이어지는 평원으로 동서횡단의 중요한 길목으로서 교통에 있어서도 전략적 중심지가 되기 좋은 조건을 갖췄다. 이곳은 이집트에서부터 이어지는 해변길, 악고로 이어지는 길, 예루살렘에서 올라오는 길 등 간선도로가 만나는 결절점으로 중요한 지역이었다.
③ 요단 강을 중심으로 풍부한 강수량을 갖춘 비옥한 곡창지대로,

올리브, 포도, 밀 등의 생산물이 자급을 넘어 수출 가능할 만큼 풍성해 수확되는 이스라엘의 최대 식량 공급지였다.

성경

① 이스르엘은 다윗 왕의 첫 번째 부인인 아히노암(Ahinoam)의 고향이다(삼상 25:43).
② 다윗은 블레셋 군대에 대항하기 위해 "이스라엘 사람들은 이스르엘에 있는 샘 곁에" 진을 치게 하였다(왕상 29:1).
③ 예후는 여호람 왕을 죽인 뒤에 이세벨과 맞선다. 예후는 이세벨의 수종을 드는 자에게 그녀를 창문 밖으로 던져 죽이라고 한다. 그녀의 시체는 엘리야의 예언인 "이스르엘 토지에서 개들이 이세벨의 살을 먹을지라 그 시체가 이스르엘 토지에서 거름같이 밭에 있으리니"(왕하 9:30-37)와 같이 되었다.
④ 아합왕의 왕궁은 나봇의 포도원 바로 옆에 있었다(왕상 21:1).
⑤ 아합의 왕자 70명이 죽은 뒤 사람들이 그들의 머리를 광주리에 담아 이스르엘에 있던 예후에게 보낸다(왕하 10:7–8). 예후는 그들의 머리를 성문 앞에 쌓아두도록 한다.
⑥ 이스라엘 사사 중 한 명이었던 기드온의 집이 오브라(Ophrah)에 있었다고 한다(삿 6:11). 오브라는 이스르엘 골짜기 안에 있는 지명이었다.

역사

① 이스르엘 골짜기에 있는 성경에 등장하는 도시는 이스르엘(Jezreel), 므깃도(Megiddo), 벧산 심론(Beit She'an Shimron), 아풀라 등이 있다.
② 고고학 발굴에 의하면 대체로 주전 4500–3300년에서 주전 11–13세기에 이르기까지 이 지역에 사람이 거주했다.
③ 주전 2750–2300년 경 초기 청동기 시대에 작은 마을이 있던 곳에 요새가 세워졌다.

④ 이스르엘 도시는 주전 9세기 오므리 왕 시절에 요새도시로 세워졌고, 아합 왕과 이세벨 왕비, 그리고 그의 아들 여호람 왕 시절에 매우 활발한 도시였다.

⑤ 곧 그 이후 9세기 말에 아람 사람들에 의해 파괴된 것 같다.

⑥ 주후 4세기 기독교 수녀와 에게리아(Egeria)라는 순례자가 이스르엘을 방문한 뒤 그들은 "이세벨의 무덤은 오늘 날까지 모든 사람들이 돌팔매질을 한다"고 기록하였다.

⑦ 이스르엘은 비잔틴 시대에는 마을이 있었고, 십자군 시대에는 성전기사단에게 소속된 마을이었다.

⑧ 아랍인들이 정복한 이후에는 '지린'(Zir'in)이란 이름으로 불리었다.

⑨ 오토만 시절에는 요새화된 탑이 있는 지역이었다.

Photo

B05_이스르엘 골짜기 내_저수지
B05_이스르엘 골짜기_유적

TIP

이스르엘의 발굴

① 1987년에 불도저가 작업을 하던 중 고대의 건축물을 우연히 발견함에 따라 발굴이 시작되었다.

② 발굴은 1990-1996년에 걸쳐 우시쉬킨(Ussishkin)과 우드헤드(Woodhead)의 주관으로 진행되었고, 25개국에서 온 자원자들과 직원들로 이루어진 발굴단이 참여했다.

③ 발굴단은 이스르엘 골짜기의 동쪽 끝 부분의 남쪽에 있는 낮은 언덕을 발굴하였고, 발굴 결과 이스르엘이 아합왕 때 기병대의 기지 역할을 하는 요새였다고 주장했다.

④ 두터운 성벽과 네 개의 탑은 손질을 한 네모난 돌, 둥근 돌, 작은 돌, 그리고 상부는 진흙으로 만든 벽돌로 되어 있다.

⑤ 요새는 45,000 제곱미터의 면적으로 북쪽은 가파른 오르막으로 방어벽이 되어 있고, 나머지 세 면은 해자(moat)와 성벽으로 둘러싸여 있다.

⑥ 이스르엘 골짜기의 고고학 발굴지는 현재 이스르엘 골짜기 지역 프로젝트(Jezreel Valley Regional Project)에 의해 발굴이 진행되고 있다.

⑦ 1928년에 발견된 베이트 알파(Beit Alpha)에 있는 6세기경의 회당의 모자이크 바닥이 있다. 태양의 수레(chariot of the Sun)를 중심으로 열두 개의 지파를 나타내는 상징이 있는 조디악(zodiac)이 모자이크에 있다.

이스르엘 골짜기_유적

갈멜 산

갈멜 산 Mt. Karmel

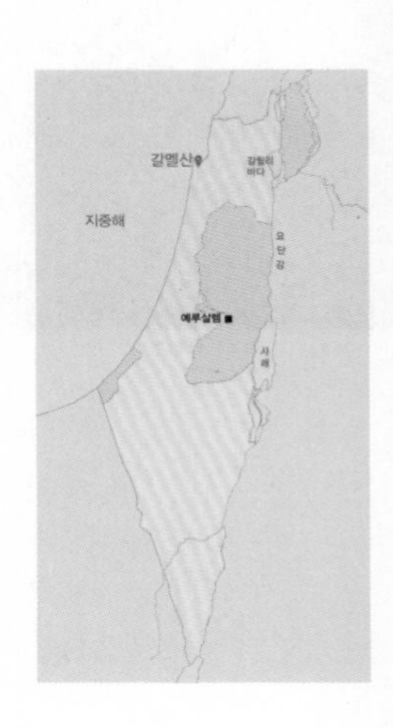

규모

갈멜 산은 샤론과 에스드렐론 평원 사이에 솟아 있는 높이 540m의 산으로, 에스드렐론 평원이 내려다보이는 엘 무흐라카(Muhraqa) 고지에 이르기까지 약 20.8㎞ 산맥 가운데 위치한다.

명칭

① '과수원', '과일 나무가 있는 정원'이라는 뜻이

며, 무성한 협곡의 동굴과 숲은 쫓기는 자에게 피난처를 제공한다.

② 성경에서 '갈멜'은 아름다움(아 7:6), 결실(사 35:2), 위엄(렘 46:18), 번성하는 행복한 생활(렘 50:19) 등을 상징하고 갈멜의 쇠함은 그 땅에 대한 하나님의 보복에 대한 암시(나 1:4)나 황폐의 조짐(사 33:9; 암 1:2)을 의미했다.

③ 주전 15세기의 이집트 문헌에서 갈멜 산은 "거룩한 갑(岬)"(Holy Headland)라는 이름으로 나타난다.

④ 주전 4세기에는 '제우스 신의 거룩한 산'으로 불리기도 했다.

지리 및 지질

① 석굴이 많고 수목이 울창하며 산 아래 이스르엘 골짜기에 기손강이 흐르고 있다. 더불어 물이 많은 샘들과 많은 과수가 있다.

② 서쪽 바다에 인접한 작은 건천은 석기시대를 거쳐간 흔적을 반증해준다.

성경

① 육지와 바다를 넓게 조망할 수 있는 고도와 은신처에 적합하여 고대로부터 예배처소로 이용되었다(왕상 18:30).

② 아셀 지파의 땅이었다(수 19:26).

③ 여호수아가 욕느암 왕을 멸한 곳이다(수 12:22).

④ 엘리야가 바알과 아세라 선지자 850명과 대결한 곳이다(왕상 18:20-40).

⑤ 아합의 아들 아하시야가 엘리야를 잡으려고 50부장을 보냈던 곳이다(왕하 1:9-12).

⑥ 엘리야 승천 후 엘리사가 잠시 머문 곳이다(왕하 2:5).

⑦ 엘리사가 수넴 여인을 만나 그 집에서 그 아들을 살린 바 있다(왕하 4:25-35).

역사

① 기손 강이 바다와 만나는 입구에 이집트인들은 항구를 만들고 미케네(Mycenae)와 구부로(Cyprus)에서 물건을 수입하는 통로로 만들었다(현재, '텔 아부 하왐'(Tel Abu Hawam)). 이 항구는 주전 14-13세기에 번창했다. 하지만 1세기 후 블레셋 사람들이 침공하게 되어 많은 사람들이 죽고 도시는 사라지게 되었다.

② 10세기 이후에는 텔 시크모나(Tel Siqmona)가 가장 중요한 도시로 자리잡게 된다.

③ 그 이후 역사의 변천에 따라 부침을 거듭하다가 비잔틴 시대에 와서 비교적 넓은 지역에 다시 거주지가 형성되었다.

④ 주후 4세기에 유세비우스는 시크모나(Tel Siqmona)를 하이파(Haifa)라는 지명으로 부른다. 사실 이 두 지명은 1세기 전에는 각각 다른 도시였으나 각기 성장하여 하나의 도시로 합쳐진 것으로 보인다.

⑤ 1100년에 십자군이 이 도시를 차지하나 라틴 왕국에서는 별로 중요한 역할을 하지는 못하다가 1265년에 이슬람 군대에 의해 파괴된다.

⑥ 1761년에 다헤르 엘-오마르(Daher el-Omar)에 의해 다시 요새로 재건되고 그가 만든 요새의 벽을 쌓은 돌들은 19세기 유대인들이 유입되어 집을 지을 때 건축 자재로 사용된다.

TIP

불의 제단 무크라카
Deir el Muhraqa

① 18세기 이후 엄격한 규율로 유명한 칼멜 회 수도사들이 관리하는 기념 교회가 있다.
② 교회 앞마당에 엘리야 동상이 있다.
③ 오른 쪽으로 지중해 바다와 사론 평야, 왼쪽으로 이스르엘 평원이 있다.
④ 기념 교회 위 옥상 바닥에 지형 거리 측정도가 그려져 있다.
⑤ 나사렛 - 다볼 산(Mt. Tabol) - 모레 산(Bivat HaMore) - 길보아 산(Mt. Gilboa)에 이르는 사방의 지형을 조감할 수 있다.
⑥ 이집트에서 해안길(via maris)을 따라 모레산과 길보아산 사이를 지나고 벧산을 지나서 요르단 왕의 길과 만난다.
⑦ 모레 산 옆에 도단 평야가 있다.
⑧ 서쪽 갑에 위치한 수도원 아래 쪽에 엘리야 동굴이 있다.

Photo

B06_갈멜 산
B06_갈멜 산 수도원_엘리야 석상

갈멜 산 수도원_엘리야 석상

해안 평야

해안 평야 Coastal plain

규모

최근 이스라엘 인구의 57%(430만 명)가 거주하는 '해안 평야'(히브리어로 Mishor ha-Chof) 지역은 레바논과 이집트 사이 지중해의 동쪽 해안 273㎞를 따라 펼쳐져 있다. 해안 평야 지대는 셋으로 구분되는데, 이를 북쪽에서 남쪽의 방향으로 살펴보면, 북쪽 레바논과 접경을 이루는 32㎞ 길이의 '악고'(Acco) 평야, 가운데 약 80㎞ 길이의 '샤론'(Sharon) 평야, 가장 남쪽에 112㎞ 길이의 '블레셋'

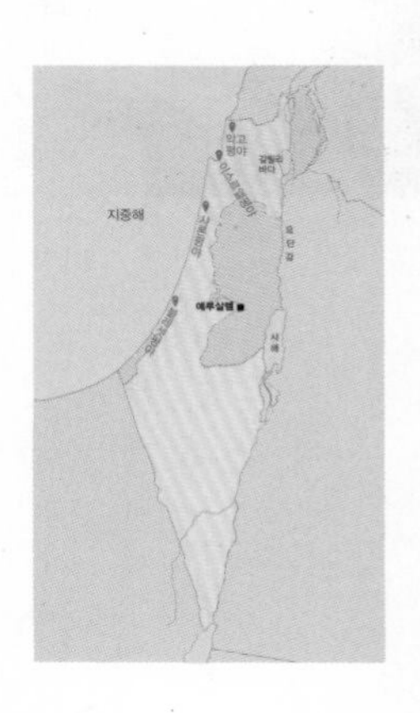

(Philistia) 평야로 구분되며, 그 동서 너비는 좁게는 5㎞에서, 넓게는 40㎞에 이른다. 해안 평야는 갈멜 산지로 인하여 중간에 끊기는데, 지중해변의 갈멜 산(546m)에서 내륙의 길보아 산(492m)까지 39㎞ 길이의 '에스드렐론'(Esdraelon) 평야가 펼쳐져 있으며, 이 평야의 동편은 '이스르엘'(Jezreel) 평야로 불린다.

명칭

① 현재 이스라엘에서 세 번째로 큰 도시 하이파(Haifa) 북쪽에 위치해 있는 '악고 평야'는 가나안 정복 당시 이스라엘의 스불론 지파에게 분배된 땅이어서, '스불론 평야'(Plain of Zebulun)로도 불리며, 하이파에서 '갈멜 산'(Mount Carmel)에 이르는 지역은 '갈멜 평야'(Hof HaCarmel)로도 불린다.

② 해안 평야 중 가장 남쪽에 위치해 있는 '블레셋 평야'는 주전 12세기 블레셋 사람들이 정착한 연유로 로마 시대에 붙여진 이름이다. 이 지역의 두 도시, 가자(Gaza)와 아스글론(Ashqelon)은 유대 쉐펠라 지역에 있는 가드(Gath), 에글론(Eglon), 아스돗(Ash-dot)과 함께 블레셋의 주요 '다섯 도시'(Pentapolis)를 이룬다.

지리 및 지질

① '악고 평야'는 두 산지, 곧 레바논 '두로의 사다리'(the Ladder of Tyre)와 갈멜 산 사이에 있는 길이 32㎞의 평야로, 해안 쪽으로 고대에 인구가 밀집해 있던 악고(신약에서는 돌레마이)와, 두로와 악고 사이에 자리 잡은 악십(Achzib) 같은 항구도시를 끼고 있다.

② 갈멜 산은 해발 고도 540m, 길이 20㎞가 넘는 산지로, 상수리나무가 많이 자라는 지역이다.

③ 악고 평야는 갈멜 산과 '하부 갈릴리'(Lower Galilee) 사이를 흐르는 길이 43㎞의 '기손'(Kishon) 강을 따라 이스르엘 평야와 이어진다.

④ '샤론 평야'는 갈멜 산 남단에서 욥바 지역에 이르는 평야를 말한다. 오늘날 하이파에서 남쪽으로 35㎞ 떨어진 지점에 위치한 '지크론 야아콥'(Zikhron Ya'akov)에서 '텔 아비브'(Tel Aviv)의 야르콘(Yarkon) 강에 이르는 길이 80㎞ 정도의 평야다. 지중해 해안에서 12-3㎞ 떨어진 내륙에 이르기까지 '모래 언덕'(sand dune)인 해안 사구(砂丘)와 석회질의 사암(砂巖)이 굳은 독특한 쿠르카르(kurkar) 지형을 지나 이 평야가 펼쳐진다. 해안 사구 지역에는 떡갈나무들이 자랐다.

⑤ 동쪽 '샤론 평야'에서 서쪽 지중해로 흐르는 강으로 하데라(Hadera) 강, 알렉산더(Alexander) 강, 그리고 길이 27㎞의 야르콘 강을 들 수 있다.

⑥ 쿠르카르는 배수(排水)를 방해하여 해안 사구 주변에 늪지를 형성하게 하였다. 이는 도로 형성에 악조건이 되었다.

TIP

쿠르카르 kurkar

쿠르카르는 세계에서 이스라엘에서만 볼 수 있는 석회질의 사암(砂巖) 지형이다. 이 독특한 지형은 이스라엘의 대륙붕이나 해안 평야 지역에서 찾아볼 수 있으며, 탄산이 굳은 사암으로 해안선을 따라 형성되었다. 쿠르카르는 다섯 지역에서 발견되는데, 그 중 셋은 해저의 대륙붕에서, 둘은 해안에서 찾아볼 수 있다. 샤론 평야의 '돌'(Dor)이나 블레셋 평야의 '지크론 야아콥'에 있는 쿠르카르가 대표적이다.

⑦ 샤론 평야의 해안에 있던 고대의 주요 항구로는 돌(Dor)과 욥바(Joppa)를 들 수 있다.

⑧ 성경 시대의 샤론 평야는 비옥하여 농경지로 사용되었다.

⑨ 이스라엘에서 가장 길고(길이 112㎞), 넓은(최대 40㎞) 해안 평야인 블레셋 평야는 샤론 평야에서 볼 수 있는 붉은 모래가 바람에 의해 쌓인 충적토와 섞여 해안 가까이 도로가 형성될 수 있었다. 이런 이유로 고대 주요 교역로였던 '국제해안도로'(Via Maris)가 블레셋 평야 구간에서는 해안선 가까이 지나갔다.

⑩ 고대에는 블레셋 평야 지역의 해안에 주요 항구도시인 '가사'(Gaza)와 '아스글론'(Ashkelon)이 있었다.

성경

① 가나안 정복 당시 욥바는 단 지파에게 분배되었고(수 19:46), 솔로몬이 성전을 건축할 때 이곳 항구를 통해 레바논의 백향목을 들여왔으며(대하 2:16), 선지자 요나는 이 항구에서 다시스로 가는 배를 탔다(욘 1:3). 또 베드로는 이곳에서 죽은 다비다를 살렸으며(행 9:36-42), 무두장이 시몬의 집에 머물러 있을 때 고넬료 전도를 위한 환상을 보았다(행 10장).

② 블레셋 평야의 해안 항구도시인 가사는 가나안 정복 시기에 유다 지파가 받은 성읍이었으나 점령되지 못하였다(수 11:22; 13:3). 사사 시대에 유다가 이곳을 잠시 취하였으나(삿 1:18), 다시 블레셋에게 빼앗겨 삼손이 블레셋에게 잡혀가서 최후를 맞이하였다(삿 16장).

③ 가나안 정복 당시 악고와 악십은 아셀 지파에게 분배된 성읍이었지만 아셀 지파 사람들은 사사 시대에 이르기까지 이곳 주민들을 쫓아내지 못하였다(삿 1:31).

④ 다윗 시대 샤론 사람 시드래는 샤론 평야에서 다윗의 소 떼를 먹였으며(대상 27:29), 이사야는 장차 올 구원을 '양 떼의 우리가 될 샤론'에 비유하였다(사 65:10).

⑤ 지중해와 주변 지역을 넓게 조망할 수 있는 갈멜 산지는 고대로부터 제의의 장소로 이용되었으며(왕상 18:30), 협곡의 동굴과 무성한 숲으로 인하여 쫓기는 자에게 피신처가 되기도 하였다. 또한 이곳은 엘리야가 바알 450명과 대결한 곳이다(왕상 18:20-40).

⑥ 이사야는 장래의 구원을 '샤론의 아름다움'으로 묘사하였다(사 35:2).

⑦ 바울은 세 번째 선교여행 말에 마지막으로 예루살렘에 방문하기에 앞서 돌레마이(악고)에서 그곳의 그리스도인과 함께 하루를 머물렀다(행 21:7).

⑧ 헤롯 대왕(Herod the Great)은 로마 황제 아구스도(Augustus)를 기려 갈멜 산 남쪽 약 37㎞ 지점의 지중해 해안에 인공 항구도시

가이사랴(Caesarea Maritima)를 건설하였는데, 이곳은 주후 1세기 고넬료(행 10:1)와 빌립 집사(행 21:8)가 살던 곳이었고, 사도 바울이 회심 후 이 항구를 통해 고향 다소로 보내졌으며(행 9:30), 두 번째 선교 여행의 말기에 예루살렘을 방문한 후 안디옥에 도착하기 전에 들렀고(행 18:22), 세 번째 선교 여행 귀환 길에 이곳 빌립 집사의 집에서 선지자 아가보로부터 예루살렘에서 체포될 자신의 운명을 미리 들었다(행 21:8-14). 그 후 바울은 이곳에서 2년간 감금되어 있었다(행 23:33-26:32).

역사

① 18세기 갈멜 산에 갈멜 수도회에 의해 기념 교회(Deir el Muchraqa)가 세워졌으며, 오늘날까지 순례지가 되고 있다.

② 가이사랴는 로마 황제 아구스도가 헤롯에게 이 지역 통치를 허락한 것에 대한 답례로 헤롯이 황제를 기려 약 10년 동안 건설한 도시로, 헤롯 가문의 궁전과 로마의 지방 총독이 거주하는 관저가 있던 팔레스타인 속주의 행정과 무역의 중심지였다. 후에 이 도시는 주후 640년 아랍의 침공으로 회교권에 넘어갔다가, 십자군에 의해 잠시 회복되기도 하였다. 이곳에서 발견된 빌라도의 이름이 새겨진 비문(碑文)은 주후 1세기 빌라도가 유다 총독으로 재임했던 것을 입증하는 중요한 고고학적 발굴물이다.

③ 블레셋의 주요 다섯 도시에 속했던 '아스글론'에서 4천 년 전 중기 청동기의 성문이 발견되었으며, 알렉산더의 동방 원정 이래로 헬레니즘 문화의 중심지가 되었다. 이런 이유로 헤롯은 이 도시에 수로와 공중목욕탕 등을 건설하였다.

④ 해안 평야 지역은 청동기 이래 수천 년(약 5500년) 동안 사람들이 거주한 지역으로 이스라엘 건국 이전에 시온주의자들(Zionists)이 이곳에 정착하여 건국의 기틀을 마련한 곳으로 오늘날도 이스라엘 인구의 절반 이상이 거주하는 지역이다.

⑤ 사론 평야를 비롯하여 해안 평야 지역은 오렌지, 레몬 등 감귤류 생산지로 유명하다.

⑥ 고대에 주요 항구가 있었던 욥바는 오늘날 '텔 아비브'와 함께 '텔 아비브-야포'(Tel Aviv-Yafo)로 불리며, 외교와 행정의 중심지이자 휴양지이다.

B07_해안 평야
B07_해안 평야 지역

해안평야지역

벧세메스에서 _바라본_유대_쉐펠라

유대 쉐펠라 Judean Shephelah

규모

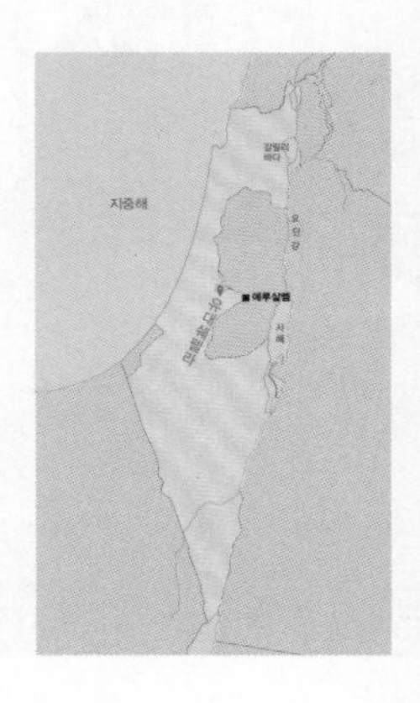

쉐펠라는 지중해변의 해안 평야 지대와 유대 산지 사이에 있는 지역으로, 평균 고도 해발 150-300m, 높은 곳은 600m에 이르며, 그 크기는 남북 길이 45-65㎞, 동서 폭 10-15㎞ 정도에 걸쳐 펼쳐 있는 언덕으로 구성된 구릉지대다. 가나안 땅 정복 당시 유다 지파에 분배되어 '유다의 평지(쉐펠라)'(대하 28:18)로 불린다. 이 지역에는 동편에 위치한 유대 산악 지대에서 서쪽으로 낮아지면서 여러 개의 골짜기가 형성되어 있는데, 이를테면, 북쪽에서 남쪽 방향으로 아얄론(Ayalon) 골짜기, 소렉(Soreq) 골짜기, 엘라(Elah) 골짜기, 구브린(Guvrin) 골짜기, 라기스(Lachish) 골짜기가 그것이다.

명칭

① '쉐펠라'란 히브리어 '낮다'(shaphel), '낮게 하다'(shaphal)에서 유래된 단어로 '낮은 땅'(lowland)을 의미한다.

② 성경에서 20회 정도 등장하는 '쉐펠라'는 한글 개역 성경에서는 대부분 '평지'(신 1:7; 수 10:40; 렘 17:26 등)로 옮겨졌으나, 간혹 '저지대'(렘 32:44)나 '평원'(슥 7:7) 또는 '평야'(대상 27:28)로 옮겨지기도 하였다. 또 공동번역 개정판에서는 모두 '야산 지대'로 번역되었다.

지리 및 지질

① '쉐펠라'는 서편의 블레셋 해안 평야 지대와 동편의 유대 산지 사이에 있는 구릉지대다.

② 해발 고도 150-600m에 이르는 야산 지대이며, 평균 고도는 150-300m이다.

③ 연간 강우량은 300-500㎜ 정도로 평야 지대보다는 적고, 사막 지대보다는 많다.

④ '낮은 땅'이란 의미를 지닌 쉐펠라는 유대 산지에서 볼 때 상대적으로 낮은 땅을 의미한다.

⑤ 이 지역은 블레셋 해안 평야 지대와 동편의 유대 산지 사이에 있어 구약시대에는 블레셋과 이스라엘의 완충지대 역할을 하였으며, 때로는 유대 산지를 보호하는 골짜기의 요새 성읍이 있던 유다 왕국의 전략적 요충지가 되기도 하였다.

TIP

이스라엘의 지형

'약속의 땅'의 지형에 대하여 최초로 언급된 성경 본문은 신명기 1:7이다. 이 구절에 다양한 이스라엘 지형이 나타난다. 즉, '산지'(Harim), '아라바'(Arabah), '평지'(Shephelah), '네겝'(Negeb), '해변'(Choph) 등이 그것이다. 때로는 여호수아가 정복한 온 땅을 '산지와 네겝과 평지와 경사지(Ashedot)'(수 10:40)로 표현하기도 하였다.

⑥ 유대 산지를 보호하는 주요 요새 성읍으로는 북 예루살렘과 연결되는 아얄론 골짜기의 게셀과 벧호른, 서 예루살렘과 연결되는 소렉 골짜기의 벧세메스와 딤나와 소라, 베들레헴과 연결되는 엘라 골짜기의 소고와 아세가, 벧술과 연결되는 구브린 골짜기의 벧구브린, 헤브론과 연결되는 라기스 골짜기의 라기스를 들 수 있다.

⑦ 이러한 지형의 특성상 이 지역에서 잦은 군사적 충돌과 전투가 일어났다.

⑧ 이곳의 지층은 주로 연성(軟性)의 석회암 층으로 형성되어 있었다. 곧, 지질이 중생대 백악기 세노니아 세의 석회암(Senonian chalk)은 부드러운 백악질이어서 쉽게 부서지고 빗물에 침식되면 구멍이 생기는 동공(洞空)화 현상이 일어났다. 또 이 지층은 기공(氣孔)이 많아 건기(乾期)인 하절기에는 단단한 지각을 형성하는 '나리'라고 불리는 광물질이 남게 되며 그 두께가 0.9-1.8m에 이르러 개간에 어려움을 주어 농사에 적절하지 않은 토양이 되었다.

⑨ 구약시대에 유대 산지 가까운 동편 쉐펠라 지역에 뿌리가 나리 층을 뚫고 들어가 자라는 올리브 나무와 '돌무화과 나무'(sycamor)가 많이 서식하였다(대상 27:28).

⑩ 그렇기는 하지만 가축을 기를 수는 있었다(대하 26:10).

TIP

감람나무와 뽕나무

한글 구약성경에서 '평지'(쉐펠라)에 자라는 "감람나무와 뽕나무"(대상 27:28; 참조. 왕상 10:27; 대하 1:15; 9:27)란 '올리브 나무'와 '돌무화과 나무'를 옮긴 말이다. 이 나무들은 우리나라에서 자라지 않아 가장 비슷하게 생긴 나무를 찾아, 이들을 '감람나무'와 '뽕나무'로 번역하였다.

성경

① '쉐펠라'에 대한 최초의 언급은 모세가 이스라엘 백성에게 말한 '약속의 땅' 본문에서 발견된다(신 1:7).

② 이스라엘에게 정복되기 전 이 땅에는 가나안 사람들이 거주하였다(삿 1:9).

③ 여호수아는 쉐펠라를 통해 가나안 5개 연합군(예루살렘, 헤브론, 야르뭇, 라기스, 에글론)을 격파하였다(수 10장).

④ 가나안 정복 당시 '평지'에는 14성읍, 곧 에스다올, 소라, 아스나, 사노아, 엔간님, 답부아, 에남, 야르뭇, 아둘람, 소고, 아세가, 사아라임, 아디다임, 그데라, 그데로다임이 있었다(수 15:33-36).
⑤ 이 지역에 단 지파가 있었으나 아모리 족으로 인하여 제대로 정착하지 못하자(삿 1:34-36), 단 지파는 이 곳을 블레셋에게 내 주고 북쪽으로 이동하였다(삿 18장).
⑥ 블레셋이 베냐민 고원지대를 장악하자 이들을 벧호른 길을 통해 쫓아낸 사울 왕은 그 후 이들과 계속 갈등하였다. 그러던 중 소년 다윗이 쉐펠라의 엘라 골짜기에서 블레셋의 장군 골리앗을 격파하였다(삼상 17장).
⑦ 다윗은 블레셋을 쉐펠라에서 완전히 패퇴시켜 국제해안도로에 이르는 길을 확보하였다(삼하 5:17-25; 8:1; 21:18-22).
⑧ 초기 왕정 시대 이 지역에 이집트가 개입한 것에 관한 기록에 의하면, 이집트의 파라오 시아문(Siamun)이 국제해안도로를 통해 올라와 가나안 사람의 성읍인 게셀을 탈취한 후, 게셀을 솔로몬의 아내가 되는 자신의 딸에게 결혼 예물로 주었다(왕상 9:15-16). 이로써 솔로몬은 국제 통상로인 국제해안도로에 자유롭게 접근할 수 있게 되었다.
⑨ 솔로몬 사후 왕국이 분열되는 때에, 이집트의 파라오 시삭이 국제해안도로의 통상로를 장악하여 북상(北上)하자 유다 왕 르호보암이 쉐펠라에서 유대 산지에 이르는 모든 통로, 즉 대각선로에 있는 모든 성읍들(솔로몬 때 이미 요새화한 게셀과 아래 벧호른[왕상 9:17]을 제외)을 요새화하였다(대하 11:5-12).
⑩ 강성해진 앗수르는 통상로를 장악하기 위해, 주전 734년 해안 평야지대와 일부 쉐펠라에 거주하던 블레셋을 점령하고 블레셋을 무역에 종사시켰다.
  ⓐ 앗수르는 이집트와의 무역을 촉진하기 위해 블레셋을 매개체로 사용하려 하였다.
  ⓑ 이 시기에 유다와 블레셋은 공동의 적인 앗수르에 대항하는 동맹을 맺었다.
  ⓒ 이로써 유다는 주전 8-7세기말 국제정치의 소용돌이에 휘말

리게 되었다.

ⓓ 앗수르의 왕 사르곤 II세의 사후, 앗수르의 상황이 혼란스럽게 되었다.

ⓔ 이는 앗수르 제국 내 봉신국의 반란을 초래하였다.

ⓕ 유다의 히스기야 왕 역시 이집트를 의지한 에그론, 갓과 함께 앗수르에 바치는 조공을 거부하였다.

ⓖ 앗수르 제국은 자신들이 바벨론의 위협을 받을 때 히스기야에게 사절을 파견하여 동맹을 맺었다.

ⓗ 주전 705년 유다는 앗수르에 대항하여 반란을 일으켰다.

ⓘ 이에 주전 701년 앗수르의 왕, 사르곤 II세의 아들 산헤립이 블레셋 평야와 유다를 침공하였다(왕하 18:13-16; 대하 32:1-8).

ⓙ 이때 이집트가 유다를 도우러 왔으나 앗수르를 이기지 못하고 다시 이집트로 돌아갔다.

ⓚ 이사야는 유다에게 이집트를 의지하지 말 것을 예언하였다.

ⓛ 앗수르의 산헤립이 유다와 블레셋의 동맹을 단절시키기 위해 쉐펠라를 장악하였다.

ⓜ 산헤립이 쉐펠라의 라기스를 점령하고 유다의 왕을 위협하기 위해 대표를 파견하였다.

ⓝ 라기스 정복에 관한 부조(산채로 피부가 벗김을 당하고, 말뚝에 박히며, 포로로 잡혀감), 앗수르의 공성퇴 유적과 1,500개의 해골 구덩이가 발견되었다.

⑪ 국제무대에 바벨론이 강대국으로 부상하였다.

ⓐ 앗수르는 신흥 강국인 바벨론에 조공을 바쳤다.

ⓑ 바벨론과 이집트가 격돌하였다.

ⓒ 바벨론은 이집트 제압에 실패하였다.

ⓓ 이때 유다는 바벨론에 조공 바치는 것을 거부하였다.

ⓔ 바벨론의 느부갓네살은 예루살렘을 점령하고 유다를 포로로 잡아갔다.

ⓕ 유다의 마지막 왕 시드기야 때 느부갓네살 왕이 두 번째로 침공하여 쉐펠라의 주요 도시인 라기스와 아세가를 파괴하였다

(렘 34:6-7).

⑫ 폐허가 된 해안평야와 쉐펠라 지역에 에돔의 후예인 이두매 인이 들어와 거주하였다.

⑬ 바사(Persia)의 고레스(Cyrus) 칙령으로 귀환한 유대인들이 쉐펠라에 다시 정착하였다.

⑭ 이 시기에 페니키아인들(해양상인)도 해안평야지대에 정착한 후 쉐펠라로 진출하여 거주하였고, 헬라 시대에도 계속 거주하였다.

ⓐ 갓은 시돈인 거류의 중심지였다.

ⓑ 마레사는 노예무역에 종사하였는데, 유다 자손을 노예로 팔았다.

ⓒ 이 시기에 쉐펠라 거주민은 에돔인, 유배인, 페니키아인들으로 혼합되어 있었다.

ⓓ 하스모니아 왕조는 쉐펠라를 장악하여 이곳의 주민들에게 강제로 할례를 받게 하였다.

⑮ 유대 산지와 블레셋(국제해안도로)을 연결하는 완충지로서 쉐펠라는 마카비 시대 유대인에게 완전히 장악되기 전까지 갈등의 땅으로 있었다. 이 지역은 유다에게는 유대 산지의 1차 방어지로, 외세에게는 유대 산지를 공격하는 교두보로서 전략적 중요성을 지니고 있었다.

B08_벧세메스에서_바라본_유대_쉐펠라

B08_유대 쉐펠라_라기스 포도원

유대 쉐펠라_라기스 포도원

유대 광야

유대 광야 Judean Desert

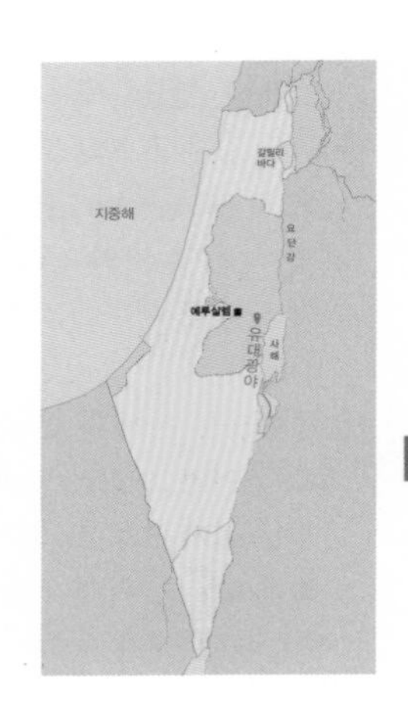

규모

유대 광야는 이스라엘 중앙의 유대 산지를 서쪽에 두고 동편으로는 요르단 지구대가 지나가는 유대 산지와 사해 사이에 위치해 있다. 그 규모는 남북 길이 최장 75㎞, 동서 폭이 16-25㎞ 정도가 되며, 이 지역의 대부분은 1967년 '6일 전쟁' 전에 요르단의 '서안'(西岸) 지역(West Bank)에 속해 있었다. 유대 광야 주변에 있던 주요 도시로는 예루살렘, 베들레헴, 드고아, 헤브론, 여리고, 엔게디 등이 있었다. 주전 1세기 헤롯(Herod the Great, 주전 37-4년 재위)은 유대 광야 가운데 헤로디온(Herodion)과 마사다(Masada)에 요새를 건립하였다.

 명칭

① '유대 광야'란 히브리어로 '미드바르 예후다'(Midbar Yehuda)이다.
② 아랍어로는 '사하라 야후단'(Sahara Yahudan)이다.
③ 때로는 히브리어로 '광야'를 의미하는 '여시몬'(Yeshimon)으로 불리기도 하였다(민 21:20 난하주 참조).

지리 및 지질

① 이스라엘 백성이 출애굽 이후 가나안 정복 당시 유다 지파가 분배받은 땅은 지형적으로는 세 가지였다. 곧, 중앙의 유대 산지, 서편의 유대 쉐펠라, 동편의 유대 광야가 그것이다.
② 해발 평균 고도 600-900m에 이르는 유대 산지는 남북을 잇는 간선도로가 잘 발달되어 있어 고대에는 믿음의 선조들이 지나간 길이라 하여 '족장들의 길'로 불렸다. 이 도로상에 예루살렘, 베들레헴, 벧술, 헤브론과 같은 주요 도시들이 세워졌다.
③ 연간 강우량 700㎜ 정도의 유대 산지에서 동편으로 '분수령(分水嶺)길'(watershed ridge road)을 넘으면 나타나는 유대 광야는 '강우 음달 지역'(rain shadow area)으로 강우량이 점점 줄어들어 사해에 이르게 되면 연간 강우량이 50-100㎜로 현격하게 감소된다.
④ 동편으로 사해와 맞닿은 유대 광야 동편은 절벽을 이루며, 사해로 들어가는 많은 골짜기들이 있다. 예루살렘에서 사해로 이어지는 골짜기로 프랏(Prat), 기드론(Kidron), 다르가(Darga), 케뎀(Kedem), 다윗(David), 아루곳(Arugot) 골짜기 등을 들 수 있다. 유대 광야 동쪽 끝은 해발 200-300m이고 사해는 해발 -

400m가 넘어 표고차가 6-700m에 이르는 급경사를 이룬다.

⑤ 지질(地質)을 살펴보면, 유대 쉐펠라 지역은 대부분 세노니아 세(Senonian period)에 형성된 연성(軟性)의 석회암 지질을 보이는 것에 반하여, 유대 광야 지역은 지질이 대부분 세노마니아 세(Cenomanian period)에 형성된 경성(硬性)의 석회암으로 구성되어 있다. 세노마니아 세에 형성된 석회암은 단단하여 석재(石材)로 사용되었다.

⑥ 유대 광야 지역에는 많은 골짜기, 절벽, 샘 등이 있으며, 고대에는 이 지역이 자주 피난처로 사용되었고, 비잔틴 시대 이후로는 이곳에 수도원이 세워지기도 하였다. 현대에는 이곳은 사막의 유목민인 베두인의 거주지가 되기도 한다. 쿰란 근처에 있는 '에노트 쥬킴'(Enot Tzukim)은 히브리어로 '절벽의 샘들'이란 뜻이다.

성경

① 이스라엘이 가나안 땅을 정복한 이후, 유대 광야는 열두 지파 중 가장 먼저 분배받은 유다 지파가 받은 땅에 속해 있었다(수 15:1-12).

② 사사 시대에 유대 베들레헴 사람 엘리멜렉과 그 아내 나오미, 두 아들과 두 자부가 기근을 피해 한 자부 룻의 고향 모압 지방으로 이주할 때 이 광야를 지나갔으며, 나오미와 룻은 다시 이 광야를 통하여 베들레헴으로 귀환하였다(룻 1장).

③ 유대 광야(여시몬) 남쪽 지역에 다윗이 사울 왕의 추격에 대해 피신한 십(Ziph)과 마온(Maon) 황무지가 있었다(삼상 23:24-26).

④ 사울은 다윗을 잡으려고 삼천 명의 군사를 이끌고 유대 광야에 속한 엔게디 광야로 갔을 때(삼상 24:1-2), 다윗은 엔게디 근처의 한 동굴에 있었다(삼상 24:3).

⑤ 분열 왕국 시기에 모압과 암몬이 유다를 치러 유대 광야에 있는 엔게디와 드고아 사이의 시스 고개에서 유다와 접전하려 하였다(대하 20:14-19).

⑥ 세례 요한은 유대 광야에서 회개의 메시지를 전하였다(마 3:1-6;

막 1:2-8; 눅 3:1-18; 요 1:19-28).

⑦ 유대 광야는 예수께서 마귀에게 시험을 받으신 곳이다(마 4:1-11; 막 1:12-13; 눅 4:1-13).

역사

① 여리고 근처 유대 광야 가운데 있었던 아골 골짜기(수 7:21-26)는, 유대교와 기독교 전승에 의하면, 여리고 근처에 위치해 있었다고 한다.

② 유대 독립 시기인 마카비 시대에 마사다(Masada)나 호르켄야(Horkenya) 등 요새가 세워졌다. 유대 전쟁(주후 66-70년) 시 마사다에서 열심당원들(zealots)이 로마 제국에 대항하여 최후까지 항전을 벌이기도 하였으나, 73년에 패망하였다.

③ 미쉬나 시기(주전 2세기-주후 1세기)에 유대교 종파 중 엣센파의 일부가 쿰란(Qumran)에서 공동생활을 하였으며, 이들은 주후 68년 로마 군대에 함락되었다.

④ 비잔틴 시대에 기독교인 수도자들이 유대 광야로 들어와 수도생활을 하였는데, '와디 켈트'(Wadi Qelt)에 '성 조지 수도원'(St. George Monastery)이 세워져 있으며, '기드론 골짜기'(Kidron Valley)에 '마르 사바 수도원'(Mar Saba Monastery)이 세워져 있다.

Photo

B09_유대 광야

B09_유대 광야_내_수리시설

유대 광야_내_수리시설

엔게디 정상에서_바라본_염해

사해 Dead Sea

규모

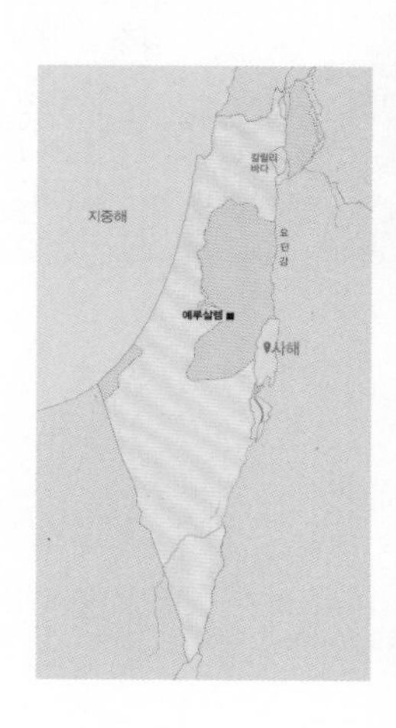

사해는 시리아와 아프리카를 잇는 요르단 지구대(Jordan Rift Valley) 상에 있으며, 지구에서 가장 낮은 곳에 위치해 있는 염해(鹽海)로, 동편의 '요단 건너편 땅'(Transjordan)과 서편의 '유대 광야' 사이에 자리 잡고 있는 호수이다. 수면은 해수면에서 427m나 낮으며, 남북 길이는 55㎞, 동서 폭은 최대 18㎞(엔게디와 와디 알 무집 사이)에 달하며, 깊이는 평균 118m, 최대 377m에 이른다. 또 사해의 염도는 대양의 8-9배인 33-34%이며, 그 연안의 둘레는 135㎞ 정도이다.

명칭

① '사해'란 히브리어로 '얌 하-마벳'(Yam ha-Mawet), 아랍어로는 '바흐르 알-마이잇'(Bachr al-Mayyit)로 '죽음의 바다'를 의미한다.

② 성경에서 사해는 히브리어로 '얌 하-멜라흐'(Yam ha-Melach)로 불렸는데, 소금 끼가 많은 '염해'를 가리킨다.

③ 헬라 시대에는 그리스어로 '역청 바다'를 의미하는 '살라타 아스팔티테스'(thalatta asphaltites)로 불렸는데, 요세푸스(Josephus)에 의하면, 이 바다는 소돔 근처에 있었다.

④ 로마인들에게도 이 바다는 '팔루스 아스팔티테스'(Palus Asphaltites)로 '역청 호수'로 알려져 있었다.

지리 및 지질

① '염해'는 북쪽은 하부 요단 강의 남단과 맞닿아 있으며, 서편의 유대 광야와 동편의 요단 동편 땅 사이에 있고, 남쪽으로는 아라바 골짜기로 이어지는 소금 호수이다.

② 염해로 유입되는 물은 그 수량이 많지 않지만 세 가지다. 하부 요단 강에서 흘러 들어온 강물, 둘째, 우기 시 동서편의 골짜기 건천(Wadi)을 통해 흘러들어온 빗물, 염해 주변의 샘에서 유입된 샘물이 그것이다. 갈릴리 호수에서 사해로 흐르는 하부 요단 강은 직선거리로는 104㎞이나 구비가 많아 그 길이가 320㎞에 이른다. 사해로 흘러 들어오는 골짜기의 경우 동편은 '와디 자르카 마인'(Wadi Zarqa Main), '아르논(Arnon) 골짜기'(현 지명으로 Wadi Mujip), '와디 카락'(Wadi Karak), '세렛(Zered) 시내'(현 지명으로 Wadi Hasa) 등이 있으며, 서편으로는 '기드론 골짜기'(Nahal Qidron), '나할 다윗'(N. David), '나할 아루곳'(N. Arugot), '나할 소할'(N. Zohar) 등이 있다. 염해 주변의 샘(En)으로는 엔에글라임(엔주킴 또는 엔페쉬카), 엔게디(En-Gedi), 엔보켁(En-Boqeq) 등이 있으며, 온천 샘으로는 동편의 마인(Main)과 서편의 엔보켁을 들 수 있다.

③ 연 강우량은 북쪽 100㎜, 남쪽 50㎜으로 염도는 일반 바다의 8-9배(33.7%)에 해당된다.

④ 기온은 하절기에는 평균 32-39℃, 동절기에는 평균 20-23℃이며, 일 년 중 190일 이상 30℃를 웃돈다. 물의 온도는 일정하게 22℃ 정도여서 겨울철에도 부영 체험을 할 수 있다.

⑤ 엔보켁, 마인 등지에 염수온천이 있어 휴양지로도 유명하다.

⑥ 염수에 염화마그네슘, 나트륨, 칼슘, 마그네슘, 포타슘(비누와 비료의 원료), 브로마인(의약품의 원료) 등 다양한 광물질이 있어 오늘날 치유 휴양지 또는 비누나 화장용품, 비료 생산지로 유명하다.

⑦ 마사다 건너편 북 사해 남동단에 혀 모양의 리산(Lisan, 아랍어로 '혀'를 의미) 반도가 있다. 룻이 기근을 피해 시모 나오미와 함께 모압 땅에 피신하였을 때 베들레헴에서 드고아, 유대 광야, 시스 고개, 엔게디, 리산 반도를 거쳐 모압 땅으로 갔다가 다시 베들레헴으로 돌아왔다(삿 1장).

⑧ 나바트인들은 이집트 미라 방부제로 사해 산 역청을 거래하였다.

성경

① '사해'(Dead Sea)라는 명칭은 성경에 나타나지 않는다. 성경에서 '사해'에 대한 보편적 명칭은 '염해'였다(창 14:3; 민 34:3).

② 아라바 골짜기에 있어 '아라바 바다'(Yām ha-Arabah)로도 불렸다(신 3:17; 왕하 14:25).

③ 선지자들에 의하면 예루살렘의 동편에 있는 '동해'(Yām ha-Mizrahi)로도 불렸다(욜 2:20; 슥 14:8).

④ 때때로 단순히 '바다'로 불렸다(겔 47:8; 암 8:12).

⑤ 간혹 아카시아 나무인 싯딤 나무가 있는 '싯딤(Siddim) 골짜기'로

일컬어졌다(창 14:3).

⑥ 아브라함이 롯을 대적의 손에서 건져낼 때 소돔, 고모라, 아드마, 스보임, 소알이 염해 주변의 도시였다(창 14:3; 신 29:23).

⑦ 아브라함 시대 하나님께서 소돔과 고모라를 유황과 불로써 멸망하게 하셨다(창 18:24–29).

⑧ 롯이 두 딸과 함께 소알 주변 산의 굴에 거주하였다(창 19:30). 아랍 사람들은 염해가 소알 근처에 있어 염해를 '소알의 바다'(Sea of Zoar), 또는 '롯의 바다'(Sea of Lot)로도 부른다.

⑨ 염해 서북편 도시로 출애굽 당시 이스라엘이 점령했던 여리고가 있다(수 6장).

⑩ 다윗은 사울 왕의 추격을 피해 염해 서편의 엔게디 근처의 한 동굴에 피신하였다(삼상 23:29; 24:1–22).

⑪ 모압과 암몬이 유다를 치러 엔게디 근처에 있는 시스 고개에서 접전하려 했다(대하 20:14–19).

⑫ 에스겔의 예언에 의하면, 성전에서 흘러나온 물이 이 바다에 이르러 바다가 되살아나고 생물이 살게 된다(겔 47:8–9).

⑬ 에스겔의 새 성전 환상 예언에서 어부들의 그물 치는 곳으로 염해변의 엔게디에서 에네글라임까지 언급된다(겔 47:10). 엔에글라임(En–Eglaim)은 현재 쿰란 근처 국립고원이 있는 에놋주킴(Enot–Tzukim) 또는 엔페쉬카(En–Feshcha)이다.

⑭ 이와 비슷한 스가랴의 예언에서도, 예루살렘에서 생수가 솟아나서 그 절반이 이 바다로 흘러 들어간다(슥 14:8).

⑮ 요세푸스에 의하면, 세례 요한은 이 바다 동편, 요단 동편 땅 마케루스(Machaerus)에 있었던 헤롯 안디바(Herod Antipas)의 궁전 감옥에 갇혀 있다가 죽임을 당하였다(막 6:14–29).

역사

① 헬라 시대

ⓐ 헬라인들은 염해를 '역청 바다'(thalassa asphaltites)로 불렀다.

ⓑ 주전 4세기 아리스토텔레스(Aristoteles)는 사해의 놀라운 물의 효험에 대하여 언급하였다.

ⓒ 나바트인들은 이집트 미라 방부용 사해 산 역청의 가치를 발견하였다.

② 미쉬나 시기

ⓐ 유대교 종파 중 엣센파(Essenes)는 사해 북서안에 위치해 있었던 쿰란(Qumran)에 거주하면서 유명한 구약성경 사본 등을 필사한 '사해 두루마리'(Dead Sea Scrolls)를 남겼다.

ⓑ 엔게디(Ein Gedi)는 '미쉬나(Mischna) 시기'(신구약 중간기)에 자주 언급된 도시로, 성전 방향(芳香)제로 사용된 감나무의 생산지였다.

ⓒ 소돔(Sodom)의 소금은 성전의 분향 소금으로 사용되었는데, 이 소금은 눈이 멀 위험이 있어 가정용으로는 사용하지 않았다.

③ 헤롯 시대

ⓐ 사해 서안(西岸) 지역에 요새(마사다)나 왕궁이 건축(여리고)되었다. 유대 전쟁(주후 66-70년) 말엽 주후 70-73년 유대인 열심당(zealots) 일부가 마사다(Masada)에 피신하여 로마군에 대하여 최후의 항전을 벌이다가 패망하였다.

ⓑ 헤롯 안디바(Herod Antipas)는 사해 동안(東岸) 지역의 마케루스(Machaerus)에 요새 겸 왕궁을 건축하였는데, 여기서 세례 요한이 목 베임을 당하였다.

ⓒ 플리니(Pliny the Elder)의 『자연사』(Natural History V)에 의하면, 로마 시대에 엣센파가 서안(西岸)에 거주하였는데, 이들은 '사해사본'을 남긴 쿰란 공동체와 동일시된다.

④ 비잔틴 시대 이후로 사해와 인접한 유대 광야에 수도원들이 건설되었는데, 와디 켈트(Wadi Qelt)의 '성 조지(St. George) 수도원'이나 기드론 골짜기의 '마르 사바'(Mar Saba) 등이 대표적이다.

B10_사해 요르단 고원
B10_엔게디 정상에서_바라본_염해

사해 요르단 고원

네게브_광야

네게브 광야 Negev Desert

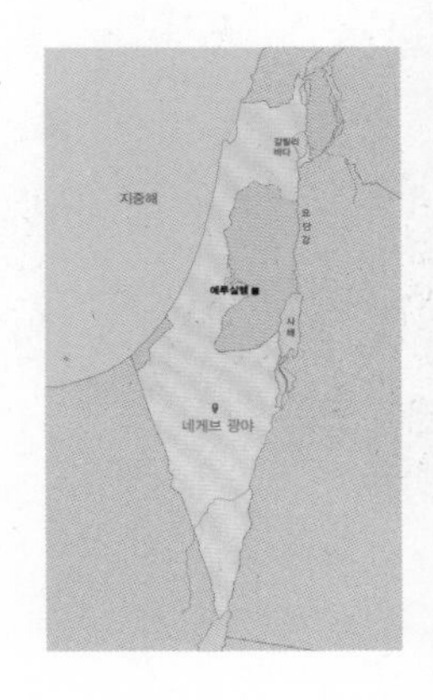

규모

네게브는 현대 이스라엘 국토의 55%에 해당하는 약 13,000㎢에 달하는 역삼각형 모양의 사막 및 준사막 지역으로, 서편으로는 시내 광야와, 동편으로는 아라바 골짜기를 경계로 하여, 고대에는 서남쪽에 자리 잡은 이집트와 북쪽에 위치해 있는 수리아-팔레스타인 지역 사이에서 유대 산지를 보호하는 군사적 전략적 완충지 역할을 하였으며, 또한 고대의 대상(隊商)들이 에돔을 경유하여 이집트, 다메섹, 가사를 연결하며 향료 등을 운반하던 무역로로 사용되기도 하였다.

명칭

① 히브리어로 네게브(Negev)이며 아랍어로는 나캅(Naqab)이다.
② 히브리어 네게브는 '메마른'을 의미하는 어근에서 유래된 '마른 땅'이다.
③ 성경에서는 '남방'(南方)의 뜻으로도 사용되었다(창 12:9; 13:1; 민 21:1 등).

지리 및 지질

① 서쪽의 가사(해발 10-100m), 중앙의 브엘세바(해발 250m), 동쪽의 아랏(해발 550m)을 북쪽 밑변으로 하고 아카바 만을 남쪽 꼭지점으로 하는 역삼각형의 이스라엘 남쪽에 위치해 있는 사막 지대이다.
② 유대 산지(헤브론 해발 950m)가 브엘세바 근방에서 갑자기 끊기고 낮은 분지를 형성하다가 다시 남쪽으로 가면서 급격하게 고도가 높아진다.
③ 바위가 많은 건조한 갈색의 산악지대로, 곳곳에 건천(wadi) 있으며, 또한 마트테쉬 라몬, 마크테쉬 하가돌, 마크테쉬 하크탄으로 불리는 세 분지(crater)가 있다.
④ 북부 네게브, 서부 네게브, 중부 네게브, 고원 지대, 아라바 골짜기(180㎞)로 구분된다.
⑤ 성서 시대 네게브인 가사, 브엘세바, 아랏은 연 강우량 200㎜로 경작이 가능하였으며, 그 남쪽 네게브 지역은 연 강우량 100㎜ 이하로 남쪽으로 갈수록 줄어들어 아카바 만의 에일랏은 연 평균 강우량이 20-50㎜에 불과하다.
⑥ 북부 네게브 지중해 지역은 연 강우량이 300㎜로 꽤 비옥한 토양을 가지고 있다.

⑦ 서부 네게브는 연 강우량이 250㎜로 부분적으로는 모래 토양을 이루며, 때로는 모래 언덕인 사구(砂丘)의 높이가 30m에 달한다.
⑧ 브엘세바가 위치해 있는 중부 네게브는 연 강우량이 200㎜ 정도로, 오래 전에 바닷물이 들어와 형성된 해양 침전물과 세노니아계의 석회암층과, 그 위에 바람으로 덮힌 불투수층 황토(Roess, 12m)로 농사에 적절하지 않다.
⑨ 네게브 고원(Ramat Ha-Negev)은 고도 370-520m 지역으로 기온의 일교차가 크며 연 강우량 100㎜로 부분적으로는 소금기가 있는 토양으로 이루어져 있다.

성경

① 구약에 언급된 주요 도시로는 그랄, 브엘세바, 아랏을 들 수 있다.
② 족장시대 그랄은 아브라함이 아내 사라를, 이삭이 아내 리브가를 그곳의 왕 아비멜렉에게 누이라고 속여 보호를 받았으며(창 20:1-2; 26:6-11), 우물로 인해 이삭의 목자들과 그랄 목자들 사이에 다툼이 일어났던 곳이다(창 26:17-22).
③ 족장시대 '맹세의 우물'(창 21:22-32) 또는 '일곱 우물'(창 26:26-33)이라는 뜻을 가진 '브엘세바'는 아브라함의 거주지였다(창 21:33).
④ 족장시대 이후로는 블레셋 사람들이 차지하여 이곳에 거주하였다.
⑤ 왕국시대 초기에 유다의 땅이 되었다가, 그 후 유다의 지배에서 벗어났다.
⑥ 엘리야의 피신지였다(왕상 19:3).
⑦ 황토층(Roess)이 쌓여 있는 중부 네게브 지역의 지질학적 특성으로 비가 오면 빗물이 잘 스며들지 못하여 골짜기로 비가 모여 갑자기 쓸려내려 가면서 홍수가 일어나기도 하여, 시편 저자는 조속한 포로기의 종식을 기도하면서 "우리의 포로를 남방(네게브)

의 시내같이 돌리소서"(시 126:4)라고 노래하기도 하였다.
⑧ 포로기 이후 유대인의 영역이었다(느 11:27, 30).

역사

① 주전 4,000년경부터 사람들이 정착하여 거주하였다.
② 이집트 신(新)왕국 시기 중 제19-20왕조 때(주전 1400-1300년)에 팀나에 구리 광산이 있었으며, 광산의 신으로 숭배하던 하솔 신전이 세워지기도 하였다.
③ 다윗은 아말렉, 에돔 등을 정복하여 이 지역의 무역통상로를 확보하였다.
④ 솔로몬의 사후 애굽의 파라오 시삭이 침입하여 거주지를 파괴하기도 하였다.
⑤ 주전 9-8세기에 유다와 에돔은 이 지역의 장악권을 놓고 쟁탈전을 벌였다.
⑥ 주전 7-6세기 앗수르와 바벨론은 유대인들의 거주를 막았다.
⑦ 주전 6세기 바벨론은 유대 쉐펠라 지역 사람들을 이곳으로 유배시켰다.
⑧ 바벨론 포로기 이후에 에돔 사람들이 들어와 살던 이두매(Idumea)였다.
⑨ 주전 4세기경에는 나바트인들이 향료길 상(아브닷, 맘쉿, 쉬브타, 할루자(엘루사), 니짜나)에 마을을 만들어 들어와 살았다.
⑩ 주전 1세기 로마는 네게브 통상로를 장악하고 나바트인들의 도움을 받아 관개 시설을 만들고 와디에 댐을 건축하였다.
⑪ 신약 시대 이후로 황무지로 방치되다가, 주후 4세기에 기독교들이 들어와 거주하였다.
⑫ 현대 이스라엘 시대에 초대 수상 벤 구리온에 의해 네게브 개발이 시작되었다.

B11_네게브_광야

B11_네게브_진 광야

네게브_진 광야